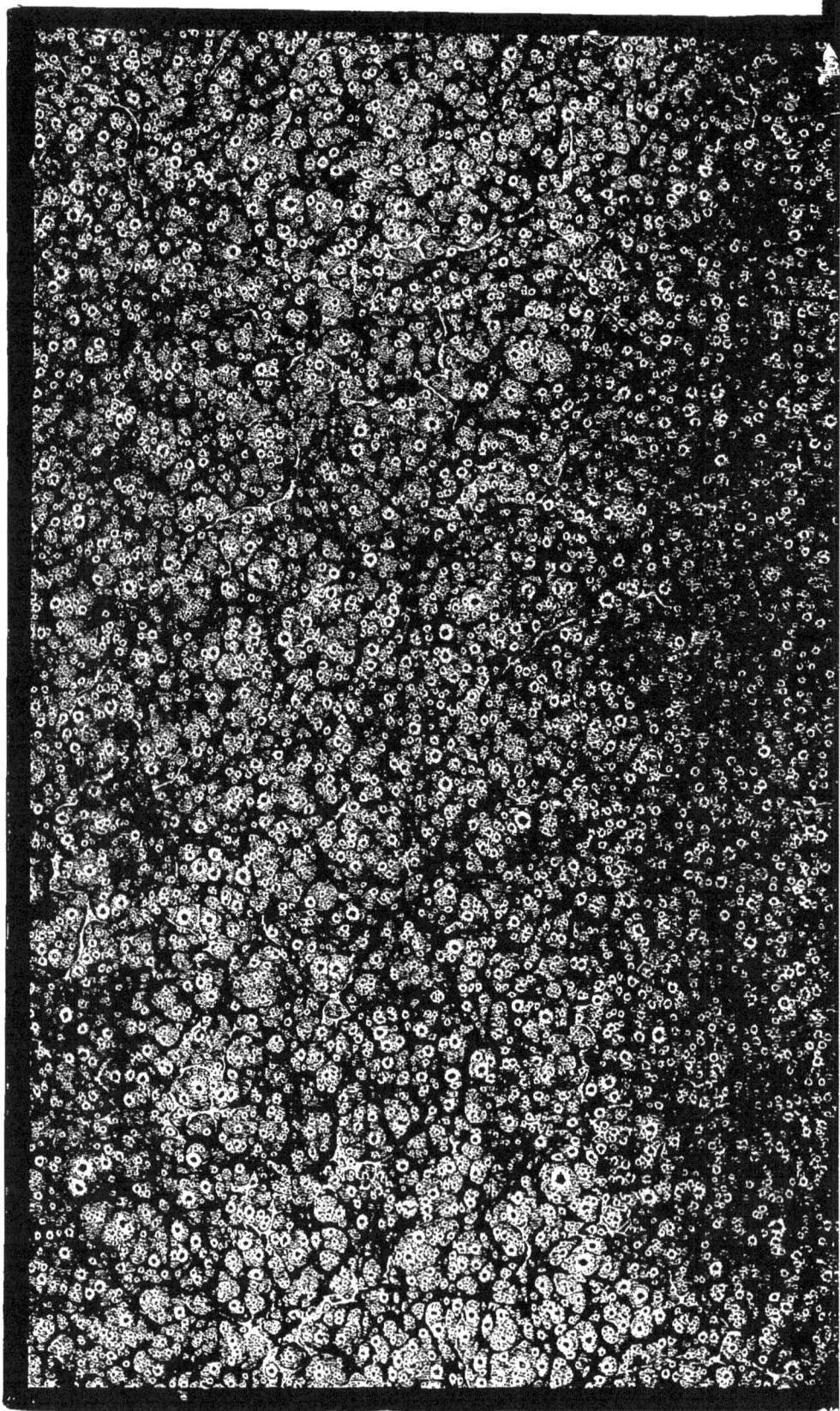

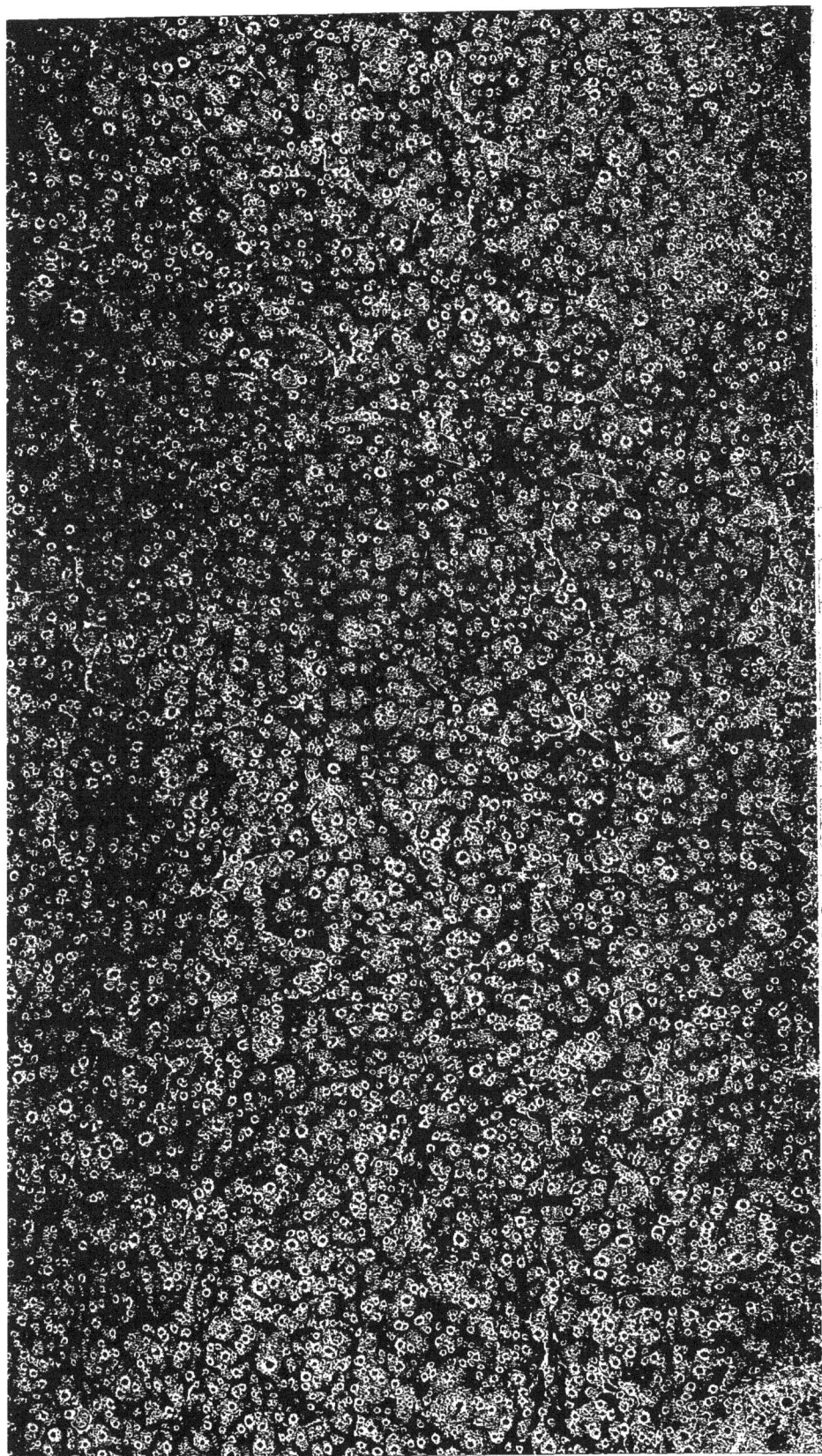

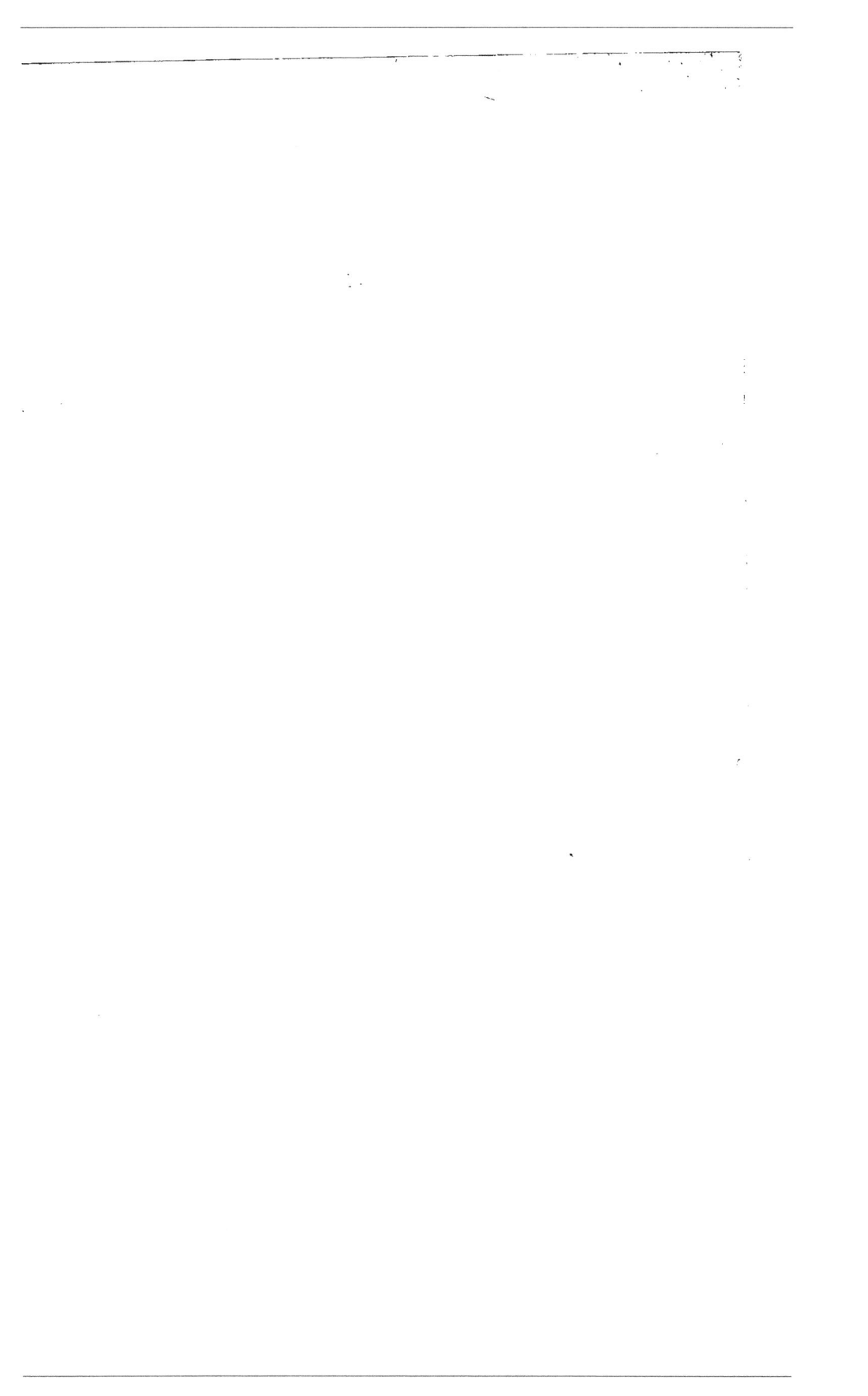

DESCRIPTION

DES

OURSINS FOSSILES

DU DÉPARTEMENT DE L'ISÈRE.

Grenoble, imp. de Prudhomme, rue Lafayette, 14.

DESCRIPTION

DES

OURSINS FOSSILES

DU DÉPARTEMENT DE L'ISÈRE,

PRÉCÉDÉE

DE NOTIONS ÉLÉMENTAIRES SUR L'ORGANISATION & LA GLOSSOLOGIE
DE CETTE CLASSE DE ZOOPHYTES

ET SUIVIE

D'UNE NOTICE GÉOLOGIQUE SUR LES DIVERS TERRAINS DE L'ISÈRE

Ouvrage orné de six planches représentant 45 espèces nouvelles ou non encore figurées,

Par M. Albin Gras,

Docteur ès sciences,

Docteur en médecine de la faculté de Paris, Professeur à l'école de médecine de Grenoble,
Président de la Société de statistique de l'Isère,
Membre correspondant de la Société linnéenne de Lyon, etc.

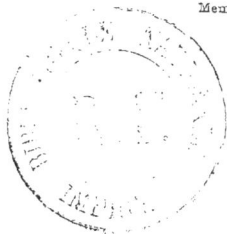

GRENOBLE,
Ch. VELLOT ET COMP.,
Libraires-éditeurs

PARIS,
VICTOR MASSON,
Place de l'École de médecine

1848.

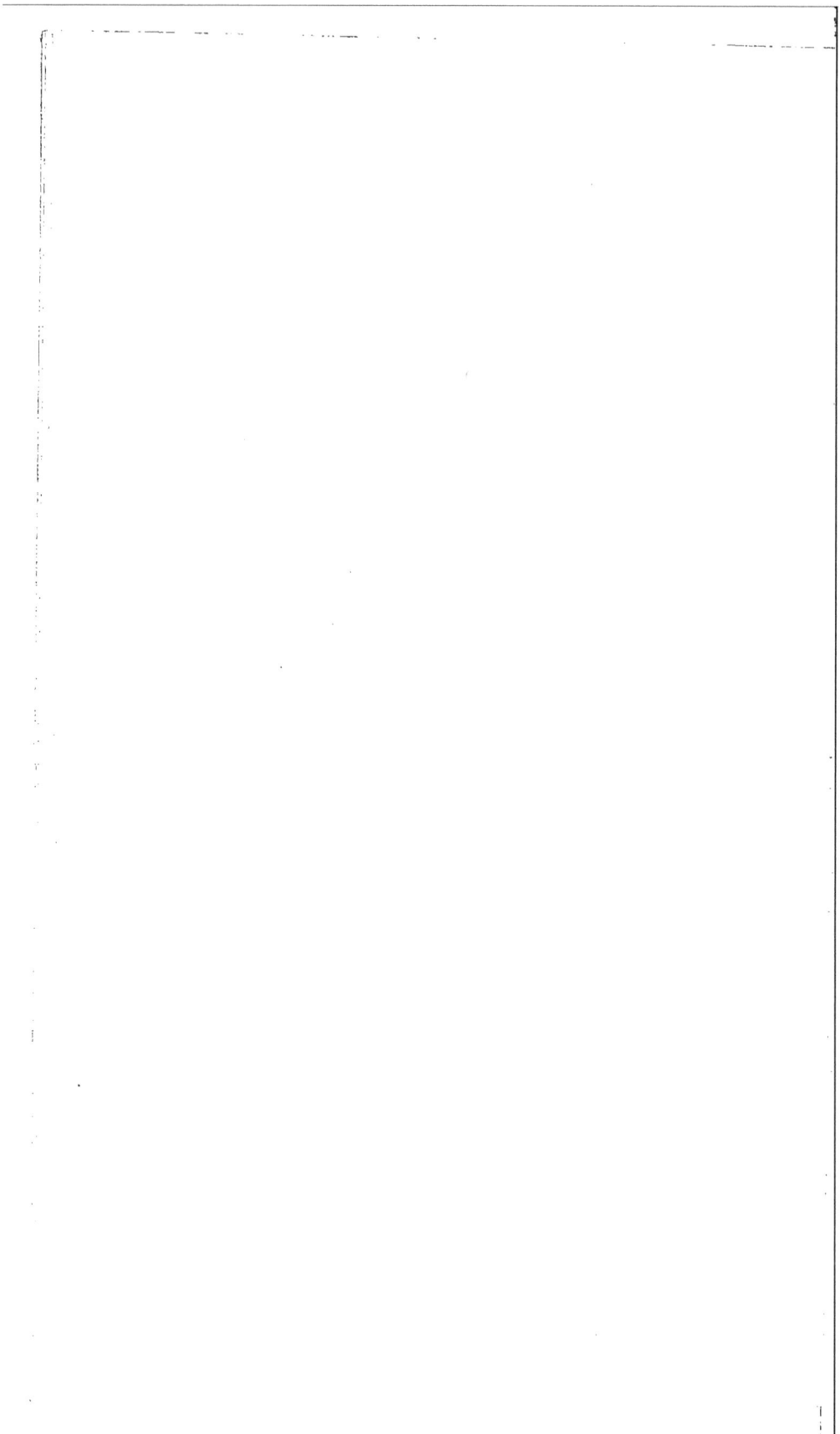

AVANT-PROPOS.

L'ÉTUDE si attrayante de la paléontologie a été négligée pendant longtemps dans notre pays ; les remarquables travaux de M. l'ingénieur en chef, directeur des mines, E. Gueymard, sur la géologie départementale, ont eu surtout pour but la connaissance des grandes masses minérales qui constituent l'une des richesses de notre sol.

Depuis quelques années seulement, à la suite des importantes publications de MM. A. d'Orbigny et Agassiz, on s'est mis à étudier les restes organiques des anciennes créations ; deux naturalistes zélés de notre ville, MM. Repellin jeune et Berthelot professeur à l'école supérieure de Grenoble, ont réuni un très-grand nombre de fossiles, fruits de recherches et de courses laborieuses ; MM. Repellin aîné, D. Robert, et Lichtlin sous-inspecteur des forêts, ont également contribué à accroître nos richesses paléontologiques en explorant les environs de la Mure, la montagne de Rancurel et celles de la Grande-Chartreuse. Nous nous sommes livré aussi à la même étude autant que nos occupations nous ont pu le permettre ; enfin, M. Scipion Gras, ingénieur en chef des mines, qui a étudié depuis longtemps la géologie de nos contrées, prépare les matériaux d'une description aussi complète que possible des diverses formations et des fossiles des Alpes dauphinoises.

Il ne faut pas se le dissimuler, ce travail est difficile, et exigera, pour son exécution, un temps encore considérable ; les débris organiques que l'on trouve dans nos Alpes sont rares, souvent mal conservés et empâtés dans une roche très-dure ; nous avons pensé qu'en attendant il conviendrait d'entreprendre quelques portions de ce travail, en se bornant à de simples monographies d'une classe de fossiles : c'est ce que nous avons essayé de faire dans ce mémoire *sur les oursins fossiles du département de l'Isère*. Il est presque inutile de dire que nous avons mis à contribution les ouvrages de M. Ch. Desmoulins, et surtout les travaux si remarquables de MM. Agassiz et Desor. Nous avons adopté tous les nouveaux genres que ces derniers auteurs ont proposés. Pour faciliter l'étude, nous avons même multiplié les coupes en créant quelques nouvelles familles, et en leur donnant, comme le propose M. d'Orbigny (1), une terminaison uniforme en *idées*. Toutes nos descriptions ont été faites, du reste, sur des exemplaires authentiques que nous avions sous les yeux; un grand nombre des espèces décrites ont été déterminées par M. Desor, à la suite d'un envoi que nous lui adressâmes à Paris avant son départ pour l'Amérique. Nous saisissons cette occasion pour remercier ce savant, de l'extrême obligeance qu'il nous a montrée; nous avons regretté que son absence de l'Europe ne nous ait pas permis de le consulter sur l'identité d'autres espèces trouvées après son départ dans diverses localités du département. M. Marcou nous a aussi envoyé une collection d'échinides du Jura, qui nous a permis de rectifier quelques erreurs. Nous avons cru devoir faire précéder la description des espèces, de notions élémentaires sur la glossologie et l'organisation des oursins, parce que ces notions ne sont pas familières à un grand nombre de lecteurs, et ensuite, parce que l'acception de certains termes usités n'est pas la même dans les divers auteurs; nous nous sommes efforcé de donner au langage scientifique plus de précision et plus de concision; enfin, on trouvera, après la description des espèces, une notice géologique sur les terrains de l'Isère, où se rencontrent les divers oursins que nous avons décrits. Nos recherches paléontologiques nous ont permis de débrouiller les divers soulèvements de la formation crétacée, et nous avons d'ailleurs consulté avec fruit les

_____

(1) *Paléontologie univers.*, t. 1, pag. 85.

travaux de **MM.** Charles Lory, E. Gueymard et Scipion
Gras. A la fin de ce travail, se trouvent six planches
lithographiées, représentant la plupart des espèces
d'échinides nouvelles ou non encore figurées et décrites.
Enfin, nous devons avertir, en terminant, que nous n'a-
vons pas la prétention d'avoir décrit tous les oursins
fossiles du département : un assez grand nombre d'espèces ont dû nécessairement nous échapper ; les devoirs
de notre profession nous ont empêché jusqu'à présent
de faire des excursions un peu longues ; nous possédons
un certain nombre d'exemplaires qu'il ne nous a pas
été possible de décrire, à cause de leur mauvais état
de conservation, et d'ailleurs nos roches sont loin
d'avoir rendu au jour tous les fossiles qu'elles recèlent.
Peut-être plus tard, quand nos contrées auront été
mieux explorées, pourrons-nous publier un supplé-
ment à ce premier travail.

DESCRIPTION

OURSINS FOSSILES

DU DÉPARTEMENT DE L'ISÈRE.

CHAPITRE Ier.

DÉFINITION ET NOTIONS PRÉLIMINAIRES.

—

LES *échinides*, connus aussi sous le nom vulgaire d'*oursins*, sont des animaux appartenant à la grande division des *zoophytes* et à la classe des *échinodermes*. Les échinodermes se subdivisent en stellérides, échinides et holothurides.

Les échinides présentent les caractères suivants : corps radiaire, régulier, de forme plus ou moins allongée, ovalaire, discoïdale, conique, globuleuse ou hémisphérique, revêtu extérieurement d'un test solide et calcaire.

On doit considérer extérieurement : 1° le test, composé de plaques polygonales ou *assules* disposées en rayons et toujours primitivement sur vingt rangs verticaux ; 2° des espèces d'appendices en forme de tentacules rétractiles, mous, n'existant par conséquent plus dans les espèces fossiles et traversant le test à travers plusieurs séries verticales de petits trous ou pores visibles. Ces séries de trous, par leur ensemble, constituent ce que l'on nomme les *ambulacres ;* 3° des espèces de poils, d'épines, baguettes ou bâtons calcaires, cassants, de forme très-variable, nommés *piquants*, manquant le plus ordinairement sur les espèces fossiles et s'articulant sur de petits tubercules ou éminences arrondies existant à la surface du test ; 4° un *anus* constant mais de position variable ; 5° une

bouche souvent munie d'un appareil masticateur, et toujours
située à la face inférieure du test ; 6° un appareil génital
composé de plaques et où l'on remarque surtout des trous ou
pores dits génitaux, au nombre de quatre ou cinq, et souvent
d'autres trous dits inter-génitaux ou ocellaires traversés par
un filet nerveux servant, dit-on, à la vision. Cet appareil est
toujours situé sur la partie supérieure et à peu près centrale
du test.

À l'intérieur de l'animal vivant, il existe des appareils
masticateurs, digestifs et circulatoires qui manquent dans les
espèces fossiles et dont nous ne parlerons pas.

On distingue d'une manière générale les échinides en *réguliers* ou normaux (famille des Cidaridées), où la bouche et
l'anus sont opposés et placés au centre du test, l'un à la face
inférieure, l'autre à la face supérieure, et en *irréguliers* ou
paranormaux, où la bouche et l'anus ne sont pas ainsi
opposés.

§ 1er. Du test.

Le *test* est, sur le vivant, une enveloppe extérieure calcaire composée de fibres perpendiculaires à la surface et renfermant peu de parties organiques. Dans les espèces fossiles
il est ordinairement spathifié ou silicifié, et souvent moins
attaquable par les acides que le calcaire qui l'empâte, cir-
constance qui permet alors de nettoyer les exemplaires en les
lavant avec une solution affaiblie d'acide chlorhydrique. On
distingue dans le test : 1° une face *supérieure* ou *dorsale*
nommée aussi *dos*, plus ou moins convexe, dont le point le
plus élevé constitue le *sommet* dorsal qu'il ne faut pas confondre avec le centre ambulacraire ou sommet génital qui en
est quelquefois distinct ; 2° une face *inférieure* nommée *disque*,
parfois concave ou plate, le plus souvent convexe ou *pulvinée*
(renflée en forme de coussin), mais en général plus aplatie
que la face supérieure ; 3° un bord marginal ou pourtour
nommé *ambitus*, ligne séparant la face supérieure de l'inférieure. Dans les échinides irréguliers on distingue en outre
une face ou bord antérieur correspondant à l'ambulacre
impair, une face ou bord postérieur opposé au premier.

L'anus se trouve souvent sur cette face postérieure ou rapproché d'elle. Quand on étudie un échinide, il est censé reposer horizontalement sur sa face inférieure, le bord antérieur dirigé en avant ; sa droite et sa gauche correspondent alors à la droite et à la gauche de l'observateur. La portion du plan horizontal circonscrit par *l'ambitus* sur lequel repose la face inférieure constitue ce qu'on nomme la *base* ; la base et la face inférieure ne sont donc distinctes que lorsque celle-ci est concave. Un plan vertical passant par le diamètre antéro-postérieur coupe toujours la bouche et l'anus ; la *hauteur dorsale* du test est la distance verticale de la base au sommet dorsal ; la *hauteur centrale* est la même distance verticale au centre ambulacraire ou point de convergence des ambulacres. *L'épaisseur* pour les échinides à face inférieure concave est la distance du point le plus concave de cette face inférieure au point correspondant de la face supérieure ; la *longueur* du test ou diamètre antéro-postérieur est la distance du bord antérieur au bord postérieur ; la *largeur* ou diamètre transverse est le diamètre horizontal perpendiculaire au précédent et passant par le point correspondant au plus grand renflement latéral du test. Ce diamètre transverse est dit *médian, antérieur, postérieur*, suivant qu'il passe par le milieu du test, plus en avant ou plus en arrière. On se sert des mêmes désignations pour le sommet dorsal et le centre ambulacraire.

Le test des échinides est formé, comme nous l'avons dit, de diverses pièces nommées *assules* ou *plaquettes* simplement juxtaposées. On les distingue en pièces 1° *terminales ;* 2° *coronales.* Les premiers se subdivisent en *apiciales*, dont la réunion constitue le centre ou sommet ambulacraire (*apex*) ; en *buccales* et en *anales*, c'est-à-dire entourant la bouche et l'anus. Chez l'animal naissant, ce sont les pièces apiciales et buccales qui se forment et se consolident les premières ; les autres plaques s'accroissent et se développent successivement autour de ces deux centres d'activité, qui sont le sommet génital et la bouche.

Les pièces coronales qui constituent la presque totalité du test se présentent sous la forme de plaques polygonales ; leurs joints sont plus ou moins apparents selon les espèces, et forment ce que l'on nomme le *parquet*. C'est par l'accroissement séparé de chaque plaque que l'animal grossit. Ces plaques forment vingt séries (voy., par exemple, pl. 1, fig. 17, et pl. 3, fig. 16-17), disposées verticalement; elles s'irradient du sommet (*apex*) à la base et viennent se réunir en convergeant à la bouche sur la face inférieure; ces vingt séries offrent ainsi une disposition un peu analogue à celles des côtes d'un melon; les plaques qui les composent sont plus allongées en général dans le sens transversal que dans le sens vertical. Leur forme est plus ou moins hexagonale, le petit côté présentant un angle saillant, en sorte que la ligne verticale de jonction est en zig-zag. Ces vingt séries ne sont pas égales; on observe alternativement deux séries contiguës de grandes plaques, et deux autres séries contiguës de petites plaques. Chaque plaque de ces dernières, au moins dans une certaine étendue, est percée de deux trous ou *pores* par où passent les tentacules chez l'animal vivant. Ces pores forment ainsi quatre rangées et composent ce qu'on appelle un *ambulacre*. D'après ce qui précède, on voit qu'on peut diviser la surface coronale du test en vingt côtes ou *aires* nommées *assulaires*, correspondantes à chaque série verticale de plaque, savoir : dix aires percées de pores et nommées pour cela *aires assulaires criblées* et dix aires non perforées qu'on appelle *aires assulaires imperforées*. Le nombre des plaques composant chaque aire est beaucoup plus considérable dans les aires *criblées* que dans les *imperforées*. A une seule de ces dernières correspondent quelquefois quatre, cinq ou six des premières (voy. pl. 1, fig. 17).

Ces diverses dispositions, qui sont générales, présentent pourtant quelques exceptions; ainsi, par exemple, dans le genre *Echinus* (voy. pl. 5, fig. 7-9), chaque aire criblée semble présenter une triple série de paires de pores; mais toutes ces exceptions, d'après les recherches de M. Ch. Desmoulins (1), ne sont qu'apparentes et tiennent à des soudures, à des inégalités d'accroissement et à des avortements. Il faut se rappeler que dans l'organisation primordiale de tous échi-

(1) *Étude sur les échinides,* par M. Ch. Desmoulins; un vol., in 8°, 1835-1837.— Nous avons emprunté beaucoup de détails à cet excellent ouvrage.

nides, chaque paire de pores représente toujours une plaque
de l'aire assulaire criblée ; seulement quelquefois, lorsque les
plaques sont irrégulières, on voit certains pores s'ouvrir
dans de petits écussons particuliers, intercalés entre les plaques primordiales.

§ 2. Des ambulacres et de la division ambulacraire du test.

Comme on l'a dit, on nomme *ambulacre* les quatre rangées
de pores que présentent les deux aires criblées contiguës ; les
deux rangées de chaque aire forment ce qu'on appelle les
*branches de l'ambulacre. Chaque ambulacre a donc deux bran-
ches composées chacune de deux rangées verticales de pores,
l'une externe, l'autre interne ;* quelquefois par avortement,
ou par suite d'un rapprochement, une branche ne paraît formée que d'une seule série de pores ; d'autrefois, comme on
l'a dit, par un dérangement dans le parallélisme durant l'accroissement de l'animal, chaque branche est composée de
plusieurs rangées de pores, disposées obliquement (genre
Echinus, voy. pl. 5, fig. 7 et 9). Parfois cette disposition.
sur plusieurs rangs obliques ne s'observe seulement que
près de la bouche ou du sommet ambulacraire. Dans la famille des Clypéastroidées, les ambulacres à la face inférieure
sont réduits à de simples sillons rectilignes ou bien sinués,
ramifiés et quelquefois anastomosés.

On nomme pores *simples* ceux qui sont arrondis ou ovales ;
pores *allongés*, ceux qui en outre sont plus ou moins pro-
longés en travers par un sillon ; pores *conjugués*, lorsque les
deux pores formant chaque paire sont réunis par un sillon.
Une paire de pores est dite *oblique*, lorsqu'un pore, au lieu
d'être sur le même niveau horizontal que son congénère, est
plus haut ou plus bas. Les diverses rangées de pores convergent vers un point central du dos, où chaque ambulacre tend
à se terminer en pointe, excepté pourtant dans le genre *Amphidetus*, où les rangées de pores paraissent diverger en s'approchant du sommet dorsal. Cette exception n'est même qu'apparente et tient à une oblitération.

D'après ce qui précède, on voit que sur tous les oursins, il doit exister cinq ambulacres (rarement quatre par avortement, ou six par monstruosité), qui forment le plus ordinairement une sorte d'étoile ou de rosette, en se dirigeant par rayons, d'un point central du dos, pour converger ensuite inférieurement autour de la bouche. Ce point central du dos se nomme *centre ambulacraire* ou *sommet génital* ; il peut être distinct ou non du sommet dorsal, qui est le point le plus élevé du dos. Les genres *Dysaster* et *Metaporhinus* (voy. pl. 5, fig. 1-6) font exception à ces règles : les ambulacres convergent vers deux sommets différents et éloignés l'un de l'autre, l'un antérieur, l'autre postérieur.

Comme les joints des plaques ne sont pas toujours très-apparents, et que la grandeur relative ainsi que la forme des ambulacres fournit des caractères importants pour la détermination des espèces, on préfère ordinairement diviser l'extérieur du test en surfaces ou *aires* limitées par les lignes verticales de pores. Il ne faut pas confondre cette nouvelle division dite *ambulacraire*, avec la division *assulaire* dont nous avons parlé plus haut.

Considérée relativement aux lignes de pores, la surface du test se divise alors en dix aires . savoir : cinq aires ambulacraires et cinq aires intcrambulacraires : on appelle *aire ambulacraire* la surface du test qu'occupe et que limite chaque ambulacre. L'aire interambulacraire est l'espace intermédiaire qui sépare un ambulacre de l'ambulacre voisin.

Chaque aire ambulacraire se subdivise elle-même en trois aires secondaires, que nous désignerons sous le nom de *zones*, pour éviter toute confusion, savoir : deux *zones porifères*, et entre deux une *zone interporifère* ; la zone porifère est l'espace occupé et limité par chaque branche de l'ambulacre ; la zone interporifère est l'espace intermédiaire compris entre les deux branches d'un même ambulacre, ou, ce qui revient au même, entre les deux rangées internes de pores de chaque ambulacre.

On distingue les ambulacres et les aires ambulacraires, 1° en pairs au nombre de quatre, disposés symétriquement à droite et à gauche du diamètre antéro-postérieur, savoir : deux antérieurs et deux postérieurs ; 2° en un impair toujours antérieur. De même, on divise les aires interambula-

craires en paires au nombre de quatre, savoir : deux antérieures et deux postérieures, et en une impaire toujours postérieure. On comprend qu'il n'est pas toujours facile de faire
cette distinction dans les genres dits *réguliers* de la famille
des Cidaridées.

Un ambulacre est dit 1° *simple*, quand son aire ambulacraire, c'est-à-dire, l'espace que limitent les deux rangées externes de pores, va en augmentant progressivement, à partir
du sommet jusqu'à l'ambitus, sans présenter de rétrécisse-
ment (pl. 2, fig. 19-20). Quelques auteurs appellent *très-simple*
un ambulacre, quand cet espace s'accroît d'une manière régulière et géométrique, comme dans la famille des Galéridées et
des Cidaridées, par exemple, 2° *pétaloïde*, quand les deux rangées externes de pores, après s'être d'abord écartées l'une de
l'autre en partant du sommet supérieur de l'ambulacre, tendent
ensuite à se rapprocher et quelquefois à se toucher presque sur
la face supérieure et avant d'arriver à l'ambitus, donnant ainsi
à l'ambulacre la forme d'un pétale de fleurs (voy. pl. 3, fig.
16-17 ; et pl. 4. fig. 1). Quand il n'existe qu'un léger étranglement, l'ambulacre est dit alors plus particulièrement *semi-
pétaloïde*, *subpétaloïde*, *étranglé* (voy. pl. 3, fig. 10) ; au
contraire, il est dit *fermé* quand les lignes de pores, en se
rapprochant, se touchent presque et s'arrêtent brusquement
sans se continuer vers l'ambitus ni sur la face inférieure ;
la ressemblance avec un pétale de fleurs est alors parfaite ;
3° *complet, entier* ou *continué*, quand les lignes de pores se
dirigent sans interruption du sommet à la bouche ; 4° *borné*,
quand les lignes de pores disparaissent brusquement sur la
face supérieure sans se continuer ou s'effacer peu à peu ;
l'ambulacre n'est plus représenté alors à la face inférieure,
que par un sillon simple ou ramifié ; exemple : la famille des
Clypéastroidées ; 5° *effacé, obsélète*, quand les pores s'écartent
et s'effacent peu à peu en approchant de l'ambitus où on
cesse le plus souvent de les distinguer (v. pl. 4, fig. 9) ; il
est dit alors plus spécialement *interrompu* quand les pores,
après avoir cessé d'être distincts à l'ambitus, reparaissent
ensuite à la face inférieure autour de la bouche en formant
une nouvelle rosette ambulacraire nommée *péristomale*.

Chaque zone porifère ou interporifère est de même dite :

1° *simple*, quand les lignes de pores qui la limitent divergent jusqu'à l'ambitus sans étranglement ; 2° *pétaloïde, étranglée*, quand, avant d'arriver à l'ambitus, ces lignes se rapprochent plus ou moins, etc. ; en outre, une zone porifère est dite *fermée* quand, parvenu à un certain point de la face supérieure, chaque paire de pores devient de plus en plus oblique, tend à s'écarter davantage de celle qui lui est superposée au-dessus, et que les pores eux-mêmes qui composent chaque paire se rapprochent de plus en plus et finissent par se confondre en un seul qui est bientôt plus ou moins effacé (ex. la famille des Spatangydées et des Dysastéridées, etc. Voy. pl. 3, fig. 16.)

La largeur d'un ambulacre ou d'une aire ambulacraire est la distance qui sépare les deux rangées externes de pores inclusivement; cette largeur est toujours prise sur la face supérieure, savoir, pour les ambulacres pétaloïdes ou étranglés au point où existe le maximum d'écartement, et pour les ambulacres simples au point situé à égale distance du sommet ambulacraire et de l'ambitus ; il en est de même pour les zones porifères et interporifères. C'est au niveau correspondant que se mesure ensuite la largeur des aires interambulacraires.

Ainsi que nous l'avons dit, sur l'animal vivant les pores des ambulacres livrent passage à de petits tentacules creux, blancs, transparents, munis au sommet d'une sorte de ventouse et ressemblant un peu aux cornes d'un limaçon. Ces tentacules servent, non-seulement à la locomotion, mais encore, d'après les recherches de MM. Tiedemann et Valentin, à la respiration en communiquant avec les branchies internes.

§ 3. *Des tubercules et des baguettes ou piquants.*

On observe à la surface du test des échinides, de petites éminences arrondies nommées *tubercules*. Ces tubercules sont tantôt *épars*, disséminés çà et là sans ordre, tantôt *sériés*, c'est-à-dire disposés par rangées régulières; on les dit *perforés ou imperforés*, suivant qu'ils sont percés ou non d'un petit trou au sommet, et *mamelonnés*, c'est-à-dire surmontés d'un petit appendice en forme de mamelon : un étranglement circulaire ou *col* sépare le mamelon du tubercule proprement dit. Les tubercules sont *crénelés* ou *unis*, suivant qu'ils présentent ou non des crénelures à la base de ce col; *ambulacraires* ou *intercrambulacraires* suivant l'aire où ils sont situés. D'après leur grosseur, on les distingue : 1° en *granules* ou *tubercules milliaires* très-petits, toujours imperforés, sans mamelon, parfois visibles seulement à la loupe; 2° en *papillaires* qui peuvent être *perforés, mamelonnés*, etc. Quand on parle des tubercules sans y ajouter d'épithètes, il est toujours question de tubercules papillaires. Les tubercules sont ordinairement implantés au centre d'une dépression circulaire en forme de fossette lisse et dépourvue de granules, fossette que nous nommerons *scrobicule*. Ce scrobicule est parfois bordé à sa circonférence d'un cercle plus ou moins saillant et serré de tubercules, cercle que nous appellerons *scrobiculaire*. Dans plusieurs genres de la famille des Spatangydées on observe à la surface du test des espaces lisses sans autres tubercules que de fins granules; c'est ce que MM. Agassiz et Desor ont nommé *fasciole* (voy. les caractères de la famille des Spatangydées.)

Sur ces tubercules s'articulent, de manière à permettre des mouvements en tous sens, des espèces de poils, d'épines ou de baguettes calcaires, cassantes, souvent de deux sortes sur une même espèce, du reste de forme et de grandeur très-variables, qu'on nomme *piquants* (voy. pl. 3, fig. 1-9). Suivant leur forme, on dit qu'ils sont *aciculaires* (en aiguille), *subulés* (en alène), *baculiformes* (en forme de baguette); *clavellés, claviformes* (en massue), etc. On distingue dans les piquants un *corps*, un *col* ou portion rétrécie, et une *tête*; celle-ci présente une facette articulaire creuse, surmontée ordinairement par un anneau. La facette articulaire représente en creux les reliefs du tubercule sur lequel il s'implante.

Dans les espèces fossiles, ces piquants manquent le plus souvent, ou bien on les trouve séparés du test auquel ils appartenaient.

§ 4. *De l'anus.*

L'*anus* est une ouverture du test dont l'existence est constante dans la moitié postérieure du test; il est entouré de

2

petites plaques qui manquent très-souvent ou sont peu apparentes dans les espèces fossiles. Il peut être *rond*, *ovale*, *longitudinal*, c'est-à-dire à grand axe dirigé dans le sens du diamètre antéro-postérieur du test; *transverse*, c'est-à-dire à grand axe dirigé dans un sens perpendiculaire à ce diamètre antéro-postérieur. Suivant la position de l'anus, on dit qu'il est *supère*, c'est-à-dire situé à la face supérieure au-dessus de l'ambitus; *infère*, situé à la face inférieure; *médian*, occupant le sommet ambulacraire; *marginal*, situé sur l'ambitus; *supra-marginal* ou *infra-marginal*, situé un peu au-dessus ou un peu au-dessous de cet ambitus.

§ 5. *De la bouche.*

La *bouche* est une ouverture du test située constamment à la face inférieure, tantôt au centre, tantôt dans une position plus ou moins rapprochée du bord antérieur. Sa forme est comme celle de l'anus, ronde, ovale, longitudinale, transverse, etc., quelquefois pentagonale, décagonale, entaillée par dix échancrures; elle est dite *labiée*, quand elle présente en arrière un renflement saillant qu'on a comparé à une lèvre; elle est *centrale*, quand elle occupe le centre de la face inférieure; *subcentrale*, quand elle est seulement rapprochée de ce centre; *submarginale*, quand elle est près au contraire du bord antérieur, etc. Elle présente sur le vivant quelques pièces terminales; dans les espèces pourvues de mâchoires, son pourtour est muni à l'intérieur d'apophyses saillantes au nombre de dix, plus ou moins soudées deux à deux, nommées *auricules*, et implantées surtout sur les assules interambulacraires. On retrouve rarement, au reste, ces diverses pièces intérieures dans les espèces fossiles; il en est de même de l'appareil masticateur existant dans les espèces vivantes des familles des Cidaridées et des Clypéastroidées. Cet appareil, composé de mâchoires et de dents, est assez compliqué; on le nomme *lanterne d'Aristote* dans les Cidaridées.

§ 6. *De l'appareil génital.*

Il existe constamment au sommet ambulacraire du test,

mais il n'est pas toujours bien apparent ni même distinct
sur les espèces fossiles. Dans les genres dits réguliers ou
normaux (la famille des Cidaridées), cet appareil forme par
ces plaques une espèce de couronne qui entoure l'anus, situé alors, comme nous l'avons dit, au centre de la face supérieure (voy. pl. 5, fig. 7). Dans certains genres fossiles,
il se présente sous la forme d'une ou plusieurs saillies en
forme de boutons. Très-souvent son seul caractère appré-
ciable est la présence de 4 ou 5 petits trous dits *pores génitaux* par où passe, suivant le sexe, un liquide fécondateur
ou des œufs chez l'animal vivant ; lorsqu'il n'existe que 4 pores, c'est toujours le postérieur qui manque (voy. la pl. 4).
Cet appareil génital, dans les genres où il est bien développé,
se compose de dix pièces dites *apicales*, rangées circulaire-
ment et alternativement grandes et petites (voy. pl. 5, fig. 7).
Elles sont couvertes de fines granulations et percées chacune
d'un trou bien plus large et souvent seulement apparent dans
les grandes plaques. Ces grandes plaques, au nombre de 5,
sont appelées *génitales* ; les cinq petites sont nommées *intergé-
nitales* ou *ocellaires*, et leurs trous s'appellent *intergéni-
taux* ou *ocellaires*. Les grandes plaques correspondent aux
aires interambulacraires, et les petites, enchâssées en dehors,
chacune dans le sinus que forme la jonction de deux grandes
plaques ou bien entre ces plaques, correspondent aux aires
ambulacraires. Les pores de ces petites plaques donnent, dit-
on, passage au filet nerveux de l'organe de la vue. Dans les
genres *Salenia, Peltastes*, et *Acrosalenia* (Ag.), on remarque une
onzième plaque nommée *suranale*, de forme variable, déjetant
l'anus tantôt en avant, tantôt en arrière (voy. pl. 1, fig. 9,11 et
16.) L'anus est regardé alors comme antérieur ou postérieur,
suivant qu'il correspond à une aire ambulacraire ou interambulacraire. Dans quelques cas rares, les plaques génitales sont
plus petites que les plaques ocellaires.

Ces plaques ont du reste des grandeurs et des formes très-
variables ; elles peuvent être circulaires, triangulaires, etc.
On remarque fréquemment que parmi les plaques génitales
l'une d'elles est de dimension plus grande et d'une forme
un peu différente des autres (voy. pl. 5, fig. 7). Souvent sa
surface externe est poreuse et granulée ; elle forme alors le

corps *madréporiforme* des *Cidaridées*; d'autres fois ce corps est central ; dans tous les cas, cette plaque, de forme différente des autres, est nommée plaque génitale *impaire*, et les quatre autres sont dites plaques génitales *paires*.

CHAPITRE II.

DESCRIPTION DES ESPÈCES.

PREMIÈRE DIVISION.

ÉCHINIDES NORMAUX OU RÉGULIERS.

(Bouche et anus opposés sur une même ligne verticale passant par le sommet. Un appareil masticatoire constant.)

FAMILLE I. — CIDARIDÉES (*CIDARIDES* Agassiz).

Caractères. — Ambitus circulaire rar. ovale; bouche inf. centrale, circulaire; anus supérieur médian (!) et s'ouvrant au milieu d'un anneau formé de dix assules apiciales, savoir : cinq plaques génitales et cinq ocellaires ; on y observe aussi quelquefois une onzième plaque dite suranale. Le diamètre antéro-postérieur est indiqué par le corps *madréporiforme* qui se confond avec la plaque génitale impaire ; ambulacres simples, continus, à branches formées de deux séries verticales de pores ou de plusieurs rangées obliques ; zones porifères jamais fermées; aire ambulacraire toujours moins large que l'interambulacraire; tubercules proprement dits sériés verticalement, perforés ou non; piquants souvent massifs, de forme très-variable ; appareil masticatoire (*lanterne d'Aristote*) composé de pièces nombreuses. En dedans, sur le pourtour de la bouche, on trouve des *auricules*, pièces osseuses destinées à soutenir la lanterne.

Iʳᵉ TRIBU. — *AUGUSTISTELLÉES.* — Test épais; ambitus circulaire; aires ambulacraires étroites, ayant le plus souvent moins du tiers de la largeur des aires interambulacraires. Les tubercules nombreux, très-petits, souvent granuloïdes dans cette première aire sont au contraire très-gros et peu nombreux dans l'aire interambulacraire où ils sont disposés seulement sur deux rangs verticaux ; branches ambulacraires toujours formées seulement de deux séries verticales de pores.

A. Tubercules interambulacraires perforés.

Iᵉʳ GENRE.—*Cidaris* (Lam. Ag.); *Cidarites* (Gold.). Test aplati dessus et dessous ; aires ambulacraires très-étroites, ord. ondulées ; aires interambulacraires quatre fois plus larges environ que les aires ambulacraires ; tubercules ambulacraires granuloïdes, tous très-petits(!), nombreux, serrés, sur deux ou plusieurs rangs verticaux ; tubercules interambulacraires peu nombreux, très-gros, mamelonnés(!), perforés(!), souvent crénelés et entourés d'un large scrobicule avec cercle scrobiculaire ; piquants d'un gros volume ; plaques génitales non tuberculeuses (!), grandes, pentagonales, toutes égales ; plaques ocellaires, petites, triangulaires ; bouche circulaire sans entailles !

1. *Cidaris insignis* (nobis), pl. 1, fig. 4-6. — Diamètre 35 mm., hauteur 2/3 (1) (dimensions de l'unique exemplaire que nous possédions) ; aires ambulacraires ondulées, paraissant présenter deux rangées verticales de granules très-serrées et rapprochées les unes des autres ; probablement cinq tubercules interambulacraires non crénelés dans chaque rangée (quatre paraissent seulement dans notre exemplaire, dont la partie supérieure manque). Sur ces cinq tubercules, les trois inférieurs augmentent progressivement de grandeur en allant de bas en haut ; leurs scrobicules et leurs cercles scrobiculaires ronds, saillants et formés de granules serrés, sont très-prononcés, tangents entre eux et avec ceux de la rangée voisine ; ils sont au contraire presque effacés dans le petit tubercule qui vient ensuite, lequel diminue brusquement et repose pourtant sur une très-large plaquette couverte de nombreux granules.—Craie chloritée de la

(1) Le diamètre étant pris pour unité.

Fauge près le Villard-de-Lans, au sommet du grand ravin. — Très-rare.

2. *C. Malum* (nobis), pl. 1, fig. 1-3; *C. punctata?* (Rœm.); *C. vesiculosa?* (Ag., éch. foss. Suiss., pl. 21, fig. 11-19, non Gold.). — Diamètre 20 à 40 mm., hauteur 3/4 à 2/3; aire ambulacraire flexueuse, renfermant quatre à six rangées de tubercules granuloïdes; aire interambulacraire présentant cinq tubercules surmontés chacun d'un gros mamelon à col non crénelé (!); cercles scrobiculaires non elliptiques, non tangents entre eux, formés de granules bien plus gros que ceux des espaces intermédiaires; ces derniers sont fins et très-serrés. Les granules qui forment les cercles scrobiculaires vers l'ambitus sont au nombre d'une trentaine environ; cette espèce se rapproche du *C. coronata* et du *C. punctata*, dont elle diffère surtout par sa forme plus globuleuse, moins déprimée, et par l'absence de crénelures sur tous les tubercules. — Chemin de Rancurel au Fâ. — T. néocomien sup.

3. *C. coronata* (Gold.), (Ag., éch. foss. Suiss., pl. 20, fig. 8-17); *C. propinqua* (Gold.), (Ag., éch. foss. Suiss., pl. 21, fig. 5-10). — Diamètre 20 à 40 mm., hauteur, un peu plus de 1/2; aires ambulacraires flexueuses, présentant à l'ambitus quatre à six rangées de granules très-fins et très-serrés, mais au-dessus et au-dessous leur nombre diminue et on ne distingue bientôt que deux rangées. Aire interambulacraire renfermant quatre à cinq tubercules surmontés chacun d'un gros mamelon, crénelés seulement à la face supérieure. Les cercles scrobiculaires, formés au plus par une vingtaine de granules bien plus gros que ceux des espaces intermédiaires, sont ronds, non elliptiques, non tangents entre eux; ils sont séparés par de nombreux petits granules. — Cette espèce nous a été rapportée du département de l'Ain, d'une localité assez rapprochée de notre frontière; on la rencontrera probablement dans le département de l'Isère. Un moule trouvé par M. Repellin aîné, près Passins, sur le chemin de Morestel (étage jurassique moyen), et quelques fragments que nous avons rencontrés à l'Echaillon, près Voreppe, pourraient peut-être s'y rapporter, ou au *C. Blumenbachii*.

4. *C. Blumenbachii* (Gold.), (Ag., éch. foss. Suiss., pl. 20,

fig. 2-7) ; *C. Parandieri* (Ag., éch. foss. Suiss., pl. 20, fig. 1), et *C. crucifera* (Ag., éch. foss. Suiss., pl. 21, fig. 1-4). — Diamètre 30 à 60 mm. ; hauteur 3/5 à 5/8; aires ambulacraires flexueuses, renfermant 4 rangées de granules apparents, surtout vers la partie moyenne; 6 à 7 tubercules, rarement moins, tous crénelés dans chaque rangée de l'aire interambulacraire. Les cercles scrobiculaires sont ordinairement un peu elliptiques, surtout à la face inférieure. — Passins, près Morestel. — Etage jurassique moyen.

5. *C. tuberosa* (nobis), pl. 1, fig. 7-8. — Espèce inconnue, voisine du *Cidarites maximus* (Gold.), à laquelle nous rapportons des plaquettes que l'on trouve quelquefois à St-Pierre-de-Cherène et au Fontanil. — T. néocomien inf. — Ces plaquettes, de forme polygonale, portent un fort tubercule bien circonscrit, très-large à la base, profondément crénelé par 14 à 15 crénelures, et surmontées d'un très-gros mamelon. L'étranglement du col est bien prononcé. Le scrobicule, peu profond, n'est pas finement strié; le cercle scrobiculaire est très-peu saillant, elliptique (!), et formé de granules inégaux, écartés les uns des autres, et qui ne sont guère plus gros que ceux qui sont disséminés sur la plaquette. Ces derniers sont de même inégaux et écartés (1).

Piquants de Cidaris dont le test est inconnu.

1º Piquants à surface articulaire lisse.

6. *C. punctatissima* (Ag.), pl. 3, fig. 1.— Longueur totale du piquant 25 à 35 mm.; diamètre maximum du corps 1/4 à 2/5 ; diamètre du col 1/6 à 1/8; corps tout à fait en massue, le renflement maximum étant rapproché du sommet! sommet obtus plus ou moins arrondi ; surface hérissée d'une multitude de

---

(1) Cette description était déjà presque imprimée lorsqu'on nous a rapporté du Fontanil une portion notable de ce *Cidaris* dont nous n'avions rencontré jusqu'à présent que des plaquettes. Le test est globuleux; sa hauteur est de 38 mm.; on compte au moins cinq tubercules interambulacraires dans chaque rangée; ils sont tous profondément crénelés. L'aire ambulacraire est peu flexueuse.

fines granulations arrondies, un peu plus grosses vers le sommet et disposées par files longitudinales plus ou moins régulières; col court, souvent peu prononcé; surface articulaire lisse, sans crénelures. — Hameau du Fâ près Rancurel. — T. néocomien sup.

7. *C. heteracantha* (nobis), pl. 3, fig. 4 et 9.— Longueur totale du piquant 15 à 35 mm.; la forme du corps varie beaucoup, tantôt ovoïde (fig. 9), tantôt presque cylindrique (fig. 4), avec un sommet mousse présentant une dépression. On observe des passages entre ces deux formes, mais l'espèce est caractérisée surtout par des aspérités nombreuses, sériées, qui hérissent le corps et qui, au lieu d'être implantées perpendiculairement à la surface, sont comme couchées et dirigées obliquement vers le haut. Col court, surface articulaire lisse. — Environs du Fâ, près Rancurel. — T. néocomien sup.

8. *C. rysacantha* (nobis), pl. 3, fig. 2, et pl. 5, fig. 11. — Longueur totale du piquant 16 à 24 mm; renflement maximum du corps 1/7 à 1/4. Le corps a la forme d'un ellypsoïde très-allongé, renflé à sa partie moyenne à sommet mousse ou pointu; il est orné de petits tubercules arrondis, sériés, et formant des files longitudinales; mais à une certaine distance du sommet ces tubercules se soudent entre eux et forment de petites côtes saillantes qui se réunissent à l'extrémité sup. Col court, surf. articul. lisse.—Le Fâ.—T. néo. sup.

9. *C. pustulosa* (nobis), pl. 3, fig. 5. — Longueur du piquant 15 mm. environ; diamètre du corps 3 à 4 mm. (dimension du seul exemplaire que nous possédions). Petit piquant cylindrique à extrémité mousse et arrondie, hérissé dans les deux tiers supérieurs de son étendue de tubercules irréguliers, inégaux, très-rapprochés, disposés sans ordre, presque confluents; leur saillie est d'un tiers à deux tiers de millimètre. Col assez long; surface articulaire peu étendue, lisse sans crénelures. — Carrière du Fontanil. — T. néocomien inf. — Très-rare.

2o Piquants à surface articulaire crénelée.

10. *C. glandifera* (Gold.), (Ag., éch. foss. Suiss., pl. 21, fig. 9). — Corps ovoïde allongé, très-renflé à peu près vers son mi-

lieu, à sommet mousse ou un peu en pointe ; corps couvert de granulations plus grosses que dans le *Cidaris punctatissima*, rapprochées et se touchant presque dans le sens longitudinal de manière à former des files régulières dirigées du sommet à la base, ce qui donne à cette espèce une apparence plissée caractéristique ; col court ; surface articulaire crénelée. Nous rapportons à cette espèce des piquants (pl. 5, fig. 12) trouvés à l'Echaillon, en face de Voreppe, sans pouvoir affirmer leur identité, les exemplaires que nous avons rencontrés jusqu'à présent ayant leur tête engagée dans la pierre, sans laisser apercevoir leur surface articulaire. On trouve dans la même localité d'autres piquants ayant la même forme, mais entièrement lisses sans granulations ; ils appartiennent probablement à la même espèce et ont été dénudés accidentellement.

11. *C. ramifera* (nobis), pl. 3, fig. 7. — Longueur inconnue ; aucun des exemplaires que nous avons trouvés n'avaient le sommet ; diamètre du corps 4 à 6 mm. ; corps cylindrique lisse ou un peu strié, hérissé çà et là d'épines inégales longues quelquefois de 3 mm., disposées en verticille ou isolées, ou bien agglomérées sans ordre. Col court à anneau plus ou moins saillant ; surface articulaire peu étendue, ornée de crénelures saillantes. — Carrière du Fontanil. — T. néocomien inf. — Assez rare. — Ce piquant pourrait bien appartenir à notre *Cidaris tuberosa*. Il est voisin du piquant du *C. hirsuta* (Marcou et Ag. et Desor), mais ce dernier a la surface articulaire lisse.

12. *C. Erinaceus* (nobis), pl. 5, fig. 10. — Longueur inconnue, aucun des exemplaires trouvés n'ayant le sommet ; diamètre du corps 2 à 3 mm. ; corps cylindrique ; on voit à la loupe qu'il est élégamment cannelé en long. Anneau de la tête et surface articulaire finement, mais distinctement crénelés ; l'anneau est assez saillant. — Le Fâ près Rancurel. — T. néocomien sup.

3° Piquants dont nous n'avons pas pu observer la surface articulaire.

13. *C. unionifera* (nobis), pl. 3, fig. 3. — Longueur du corps 15 à 25 mm. ; corps pyriforme à sommet arrondi, à surface lisse, striée très-régulièrement et très-finement en long. En examinant ces stries à la loupe, on voit qu'elles sont formées par des séries de petites granulations, disposées en files; le col est très-mince et fragile ; ce qui explique pourquoi nous n'avons pas encore pu rencontrer d'exemplaires ayant la tête. — Le Fâ près Rancurel. — T. néocomien sup.

14. *C. prismatica* (nobis), pl. 3, fig. 6. — Corps ayant la forme d'une prisme triangulaire aplati; sa section transversale donne un triangle isocèle à large base. Ce corps est hérissé çà et là d'épines dirigées obliquement. La tête manque dans l'unique exemplaire que nous possédions. — Carrière du Fontanil. — T. néocomien inf. — Très-rare.

IIᵉ GENRE. — *Hemicidaris* (Ag.). — Test aplati sur les 2 faces ou un peu en cone en dessus; tubercules ambulacraires plus petits que les interambulacraires, n'existant ord. qu'à la face inf. et bientôt remplacés plus haut par des granules ; quelquefois il n'existe que des tubercules granuloïdes comme dans les *Cidaris* ; tubercules interambulacraires gros surtout vers la base, perforés, mamelonnés, scrobiculés, et ord. crénelés ; piquants en forme de baguettes lisses ; bouche grande, présentant dix entailles sur son pourtour !

1° *Hemicidaris patella* (Ag., éch. foss. Suiss., pl. 18, fig. 15-18). — Diamètre 16 mm., hauteur 1/2 et même moins ; petite espèce déprimée ; deux rangées de simples granules plus gros, pourtant à la base s'aperçoivent dans l'aire ambulacraire ; dans l'autre aire on voit, à la face inf., deux rangées de 4 tubercules gros, scrobiculés, apparents, situés vers la base et le milieu ; les autres tubercules, placés à la face sup., sont plus petits et moins apparents. — Marnes des carrières du Fontanil. — T. néocomien inf. — Rare.

2° *H. inermis* (nobis), pl. 1, fig. 17. — Diamètre 30 à 50 mm., hauteur 2/3 ; test mince, de forme globuleuse ; aire ambulacraire très-étroite (4 fois au moins plus étroite que l'autre aire), présentant deux rangées de très-petits granules visibles à peine et seulement à la base et un peu au-dessus de l'ambitus ; aire interambulacraire formée d'assules hexaédriques bien apparentes, larges et hautes sur la face sup. Cette aire présente deux séries verticales de tubercules scrobiculés , sans cercles scrobiculaires apparents. Ces tubercules petits, en tenant compte du volume du test et au nombre de 12 à 14, pour chaque rangée, sont assez rapprochés à la base et vers le pourtour ; là, leur scrobicule bien apparent est enfoncé dans le test ; mais, en s'élevant, ces tubercules s'écartent, s'amoindrissent, et leur scrobule tend à s'effacer. Vers le haut, quatre tubercules de même grosseur pourraient facilement être placés bout à bout dans l'intervalle qui les sépare : quelques rares granules apparaissent çà et là. Je n'ai pas pu apercevoir, au moyen de la loupe, des crénelures sur ces tubercules. Depuis que la planche 1, fig. 17, représentant cette espèce, a été lithographiée, nous avons rencontré, au Fontanil, un autre exemplaire plus complet, où la bouche et la place occupés par l'appareil génital et l'anus sont conservés. Cet appareil génital est assez étroit ; son diamètre est de 10 mm. ; la bouche, faiblement entaillée ou plutôt décagonale, a seulement 13 mm. 1/2 de diamètre ; le test présente enfin un diamètre de 45 mm. — Fontanil. — Marnes du néocomien inf. — Très-rare.

Ces deux espèces, qui diffèrent sous plusieurs rapports des autres *hemicidaris* jurassiques, pourraient, à la rigueur, former un genre nouveau.

B. Tubercules interambulacraires imperforés.

IIIᵉ GENRE. — *Salenia* (Gray, Ag.) — Oursins de petite taille (10 à 20 mm. de diamètre) ; aires ambulacraires très-étroites (!) comme dans les cidaris, pourvues de tubercules granuloïdes nombreux, petits et très-serrés. Aires interambulacraires très-larges, à tubercules gros, peu nombreux, imperforés (!) plus ou moins crénelés (!) ; appareil génital très-large (!), occupant la plus grande partie de la face sup., à bords ondulés ; il est composé de cinq plaques génitales, présentant assez souvent de petits sillons ou persillages, de cinq plaques ocellaires et d'une onzième plaque dite *suranale*, placée en *arrière* !, en sorte que l'anus est excentrique en avant et correspond à une aire ambulacraire ; bouche ronde à dix entailles.

1° *Salenia depressa* (nobis), pl. 1, fig. 9-10. — Diamètre 14 mm., hauteur 1/3 (il serait possible toutefois que le test eût été un peu déprimé mécaniquement dans les couches de marne) ; test très-aplati sur ses deux faces ; deux rangées ambulacraires d'une quinzaine de petits tubercules granuloïdes rapprochés. L'aire interambulacraire, un peu plus de trois fois plus large que l'ambulacraire, présente deux rangées de 4 gros tubercules indépendamment des petits granules qui remplissent les intervalles ; appareil génital très - large, ayant sa plaque suranale *presque carrée* (!), limitée en arrière et latéralement par les plaques génitales, et en avant, où son côté est plus petit, par l'ouverture anale ; les plaques génitales, peu ou point persillées, sont irrégulières, triangulaires ou pentagonales ; les plaques ocellaires ont la forme d'un triangle à base tournée en dehors, et présentant une très-petite échancrure qui correspond au sommet pointu de l'ambulacre. — Marnes du Fontanil. — T. néocomien inf. — Rare.

2. *S. personata* (Ag. et Desor, Cat. rais. des échin., l. c.). *S. petalifera* (Ag., Monographies des échin., 1re livr., pl. 1, fig. 17-34). Voy. l'appareil génital, pl. 1, fig. 16.— Diamètre 16 à 20 mm., hauteur 1/2 environ ; les aires ambulacraires, très-étroites (n'ayant guères que le 1/4 environ de la largeur des autres aires), présentent deux rangées de tubercules granuloïdes uniformes, qui ne sont pas plus gros que les forts granules des aires interambulacraires ; entre ces deux rangées, on aperçoit pourtant, à la loupe, deux rangées de très-fins granules. Chaque aire interambulacraire présente deux rangées de cinq gros tubercules distinctement crénelés et entourés de granules inégaux en grosseur. Le pourtour de la bouche, comme à l'ordinaire, présente dix entailles, et la distance d'une entaille à l'autre correspond alternativement à une aire ambulacraire et ensuite à une aire interambulacraire ; dans notre espèce, les cinq intervalles correspondant aux aires ambulacraires sont plus larges que les cinq autres ; l'inverse a ordinairement lieu pour les autres espèces ; les plaques de l'appareil génital, séparées entre elles par quelques points creux, sont un peu saillantes au-dessus de la surface du test. La plaque suranale est allongée transversalement, elle paraît un peu échancrée par l'ouverture anale, ce qui lui donne la forme d'un croissant ; les plaques ocellaires triangulaires

sont également un peu échancrées extérieurement pour recevoir le sommet des ambulacres. — Chemin de Rancurel au hameau du Fâ. — T. néocomien sup.

IVᵉ GENRE. — *Peltastes* (Ag. et Desor). — Mêmes caractères que pour les salénies ; mais la plaque suranale correspond à une aire ambulacraire ; l'anus est par conséquent excentrique en arrière.

1º *Peltastes pentagonifera* (nobis), pl. 1, fig. 11-12. *P. punctata*? (Ag. et Desor, Cat. rais., éch., l. c.); *Salenia areolata*? (Ag. Mon., éch., 7ᵉ liv., pl. 3, fig. 1-8). — Diamètre 10 à 15 mm., hauteur 6/11 ; on trouve deux rangées rapprochées de très-petits tubercules granuloïdes dans l'aire ambulacraire, qui est quatre fois moins large que l'interambulacraire. Celle-ci présente deux rangées d'environ trois à quatre gros tubercules avec de nombreux granules qui remplissent les intervalles. L'appareil génital, qui couvre presque toute la face sup., est caractérisé par la plaque suranale, qui a la forme d'un pentagone presque régulier (!), quatre des côtés de cette plaque sont limités par les plaques génitales antérieures et latérales, et le cinquième côté par l'anus lui-même. Les plaques ocellaires ont une forme triangulaire à base extérieure, présentant une légère échancrure qui correspond au sommet de chaque ambulacre. L'anus n'est pas allongé dans le sens transversal. Cette espèce est très-voisine du *P. punctata* (Desor), (*Salenia areolata* Ag.), et n'en diffère guère que par l'absence du persillage ou points creux sur les sutures. — Marnes du Fontanil. — T. néocomien inf. — Très-rare.

Vᵉ GENRE. — *Goniopygus* (Ag.). — Test épais ; aire ambulacraire étroite, plus large pourtant en général que dans les espèces des genres *Salenia* et *Peltastes*, et établissant ainsi le passage des *angustistellées* aux *latistellées*. Les deux rangées de tubercules qui garnissent cette aire sont également plus gros surtout à la base, et diffèrent moins en volume des tubercules interambulacraires qui sont pourtant constamment plus volumineux ; deux rangées principales de gros tubercules dans l'aire interambulacraire ; ces divers tubercules sont imperforés (!), jamais crènelés (!) ; leur mamelon est gros. Bouche grande à dix entailles ; appareil génital large, solide, à pourtour anguleux, composé de cinq plaques génitales, formant un cercle autour de l'anus, et de cinq plaques ocellaires plus petites intercalées extérieurement dans les angles rentrants que forme la réunion des cinq plaques génitales ; point de plaque suranale (!) ; bouche très-grande.

1. *Goniopygus irregularis* (nobis), pl. 1, fig. 13-14. — Diamètre 15 à 25 mm., hauteur 1/2 ou un peu plus ; l'aire ambulacraire est à l'interambulacraire, à peu près comme 2 est à 3. Dans chaque aire ambulacraire, deux rangées principales de onze tubercules environ, mamelonnés et assez gros surtout à l'ambitus ; entre ces rangées et à la face sup. se trouvent deux rangées secondaires de gros granules, indépendamment d'autres plus petits (!). Dans chaque aire ambulacraire, deux rangées d'environ sept gros tubercules pourvus d'un mamelon large et saillant ; ces tubercules sont surtout très-volumineux vers l'ambitus ; ils sont séparés entre eux par des granules très-distincts et inégaux. Bouche très-grande, occupant presque toute la face inf. Appareil génital saillant à la surface du test, moins large que dans les *Salenia* ; plaques génitales terminées extérieurement par une pointe aiguë, donnant à l'appareil génital une forme d'étoile. Ces plaques présentent une particularité unique : les quatre antérieures forment un anneau complet autour de l'anus. La cinquième plaque est extérieure et intercalée dans l'angle rentrant que forment en dehors les deux plaques génitales paires postérieures qui sont un peu plus larges que les antérieures ; les cinq plaques ocellaires petites et triangulaires présentent la disposition ordinaire.— Chemin de Rancurel au Fâ. — T. néocomien sup.

2. *G. Delphinensis* (nobis), (appareil génital, pl. 1, fig. 15).— Diamètre 15 à 20 mm., hauteur 5/9 environ. Cette espèce est tout à fait semblable à la précédente, elle n'en diffère que par la disposition des plaques génitales qui ne présentent pas l'irrégularité signalée plus haut; ces cinq plaques, à peu près égales, forment un cercle régulier autour de l'anus. Comme précédemment, de gros granules s'observent entre les deux rangées de tubercules de l'aire ambulacraire (!) ; il serait possible que la première de ces espèces ne fût qu'une variété de sexe de l'au-

tre. — Le hameau du Fâ près Rancurel, les côtes de Sassenage. — T. néocomien sup.

Piquants. — Nous rapportons, au *G. Delphinensis,* de petits
piquants (pl. 3, fig. 8) que l'on trouve dans la même localité
au Fâ. Ces piquants ont une longueur totale de 10 à 14 mm.;
le diamètre maximum du renflement est de 3 à 4 mm. Le col
a un diamètre de 2 mm. 1/2; le corps présente une forme
ovoïde allongée, à extrémité supérieure pointue; il est lisse,
sauf sur le tiers supérieur, où l'on trouve six arêtes tranchan-
tes qui convergent en se réunissant au sommet; tête petite,
surface articulaire lisse.

IIᵉ TRIBU, — *LATISTELLÉES.* — Ambitus circulaire; aire
ambulacraire large, égale au moins au tiers de l'aire interambulacraire; tubercules interambulacraires nombreux, perforés ou non; branches ambulacraires tantôt formées de deux
séries verticales de pores, tantôt offrant des paires multiples
de pores disposées obliquement ou en arc; piquants en général grêles et subulés.

**A. Tubercules perforés; branches ambulacraires formées de deux
séries verticales de pores (excepté quelquefois près de la bouche
et de l'anus, où les pores, en se dédoublant, semblent former plus
de deux rangées).**

VIᵉ GENRE. — *Acrocidaris* (Ag.). — Test épais (!) un peu en
cône ou aplati; aire ambulacraire souvent presque aussi
large que l'autre aire; deux rangées de gros tubercules dans
chacune de ces aires; tous ces tubercules sont perforés et plus
ou moins crénelés; scrobicule presque nul; bouche *grande*
ayant dix entaillures; plaques génitales paires, surmontées
chacune d'un tubercule perforé, mamelonné (!); piquants
cylindriques, unis.

1° *Acrocidaris depressa* (nobis), pl. 1, fig. 18-20. — Diamètre 30 mm., hauteur 2/5; test déprimé. L'aire ambulacraire
est à l'interambulacraire à peu près comme 5 est à 9. Les tubercules ambulacraires, au nombre de huit à neuf par rangée, sont plus petits que leurs correspondants de l'aire

interambulacraire, où on n'en compte que sept par rangée.
Ces divers tubercules, non ou à peine crénelés, assez gros
surtout vers l'ambitus, sont rapprochés à la base et plus écartés en haut ; les tubercules des plaques génitales sont assez
gros et très-apparents. La plaque impaire n'est pas plus
grande que les autres. — Marnes du Fontanil. — T. néocomien inf. — Rare.

VIIe GENRE. — *Diadema* (Gray, Ag., *Tetragramna*, Ag.). —
Oursins de petite et moyenne taille ; test *mince* (!) plus ou
moins déprimé, surtout à la face inf. ; aire ambulacraire
large ; chacune des deux aires est pourvue de deux ou plusieurs rangées de tubercules perforés (!), plus ou moins crénelés, indépendamment des granules qui remplissent les
interstices. Les tubercules interambulacraires forment tantôt
deux, tantôt quatre rangées et plus ; quand ces rangées sont
inégales sous le rapport de la grosseur des tubercules, les
plus petites sont dites *rangées secondaires*, et les autres, *rangées principales ;* souvent les rangées secondaires ne se conti-
nuent pas de la bouche à l'anus et s'arrêtent près de l'ambitus ; les tubercules de ces rangées secondaires sont perforés
et ne diffèrent des autres tubercules que par leur volume ; piquants cylindriques, subulés ; bouche assez grande ; auricules
disjoints ; plaques génitales sans tubercules !

1° *Diadema Grasii*, pl. 1, fig. 24-26 (Ag. et Desor, Cat.
rais. des échin., An. des sc. nat., déc. 1846).—Diamèt. variant
de 8 à 24 mm., hauteur environ 1/2 ou moins (le test est souvent écrasé et déformé). L'aire ambulacraire est à l'interambulacraire comme 4 est à 7 ; deux rangées de onze à douze
tubercules environ dans l'aire ambulacraire ; également deux
rangées de huit à neuf tubercules dans l'autre aire ; *pas de
rangées secondaires* (!). Ces tubercules, distinctement crénelés,
sont assez inégaux, surtout les ambulacraires ; parmi ces derniers, ceux placés sur l'ambitus sont environ presque deux
fois plus volumineux que ceux situés vers le milieu de l'ambulacre sur la face sup. Les interambulacraires sont plus gros
que leurs correspondants ambulacraires, surtout à la face
sup. Des granules assez distincts, plus fins dans l'aire ambulacraire, forment un cercle autour de chaque tubercule ;

bouche grande; appareil génital large. — Marnes du Fontanil. — T. néocomien inf.

2. *D. Lucæ* (Ag., éch. foss. Suiss., pl. 16, fig. 11-15). —
Diamètre 15 mm., hauteur 1/2; l'aire ambulacraire est à
l'interambulacraire comme 2 est à 3. Deux rangées assez égales de tubercules dans les deux aires (!); sur l'aire interambulacraire et à la face inf. on observe, en dehors et de chaque côté
des rangées principales de tubercules, un commencement de
rangées secondaires qui s'arrête à l'ambitus. — Gault, les Ravix et Méaudret près le Villard-de-Lans. — Assez rare.

3. *Diadema corona* (nobis), pl. 1, fig. 21-23, *D. rotulare?*
(Ag., éch. foss. Suis., pl. 16, fig. 1-5). — Diamètre 15 à 20
mm., haut. 2/5; test déprimé; l'aire ambulacraire est à l'interambulacraire comme 7 est à 12; deux rangées principales
de tubercules dans chaque aire; ces quatre rangées sont assez
uniformes et égales entre elles; en outre, dans chaque aire
interambulacraire, il existe deux rangées secondaires de tubercules, placées une de chaque côté à l'extérieur de chaque
rangée principale, et accompagnant celle-ci dans une grande
partie de sa longueur (!); de petits granules entourent ces
divers tubercules. Cette espèce se rapproche beaucoup du
Diadema rotulare (Ag.); elle n'en diffère guères que par le
prolongement plus grand des rangées secondaires. Nous ne
l'avons admise, du reste, comme espèce distincte, que sur l'autorité de M. Desor à qui nous l'avions envoyée à Paris. — Marnes du Fontanil. — T. néocomien inf. — Rare.

4. *D. variolare*, pl. 11, fig. 16-18 (Ag. et Desor, Cat. cit.),
Tetragramma variol. (Ag., éch. de la Suisse), *Cidarites variolare?* (Al. Brong, géol. Par., pl. 5, fig. 9, A. B. C.). — Diamètre 25 mm., hauteur 2/5 environ. L'aire ambulacraire
est à l'interambulacraire comme 5 est à 8. Deux rangées de
douze à quatorze tubercules dans chaque aire ambulacraire;
quatre rangées composées d'un même nombre de tubercules
dans chaque aire interambulacraire. Ces diverses rangées
sont assez égales entre elles en-dessous; les tubercules des
deux rangées extérieures interambulacraires sont toutefois
plus petits à la face supérieure. En dehors des quatre rangées
interambulacraires et tout près des lignes de pores, on observe

3

une rangée de petits tubercules secondaires qui s'étend peu. Tous les tubercules principaux paraissent assez écartés les uns des autres. — Craie chloritée. — La Fauge près le Villard-de-Lans. — Rare.

5. *D. Carthusianum* (nobis), pl. 2, fig. 1-3. — Diamètre 18 à 30 mm., hauteur 7/12 ; l'aire ambulacraire est à l'interambulacraire comme 5 est à 9 environ. Deux rangées principales de tubercules dans chaque aire ; dans les aires interambulacraires, chaque rangée principale se compose d'une quinzaine de tubercules ; ceux-ci, de grosseur moyenne, sont assez écartés les uns des autres sur la face sup. ; en outre il existe quatre rangées secondaires de tubercules très-petits mais pourtant perforés, savoir : 1° deux rangées extérieures aux rangées principales qui, partant de la bouche, remontent jusqu'au milieu de la face supérieure ; 2° deux rangées intérieures qui, partant de la bouche, dépassent peu l'ambitus. Dans chaque aire ambulacraire, les deux rangées composées chacune d'une vingtaine de tubercules, sont écartées l'une de l'autre et rapprochées par conséquent des zones porifères, surtout à la face sup. ; les tubercules qui les composent sont plus serrés et plus petits que leurs correspondants de l'autre aire (!); la différence est surtout très-grande sur la face supérieure en approchant de l'anus ; là ces tubercules ont à peine le volume des tubercules des rangées secondaires interambulacraires. Au reste, des granules extrêmement nombreux, très-petits et serrés, remplissent tous les vides existants entre les tubercules des diverses aires ; appareil génital peu large. — Les côtes de Sassenage ; chemin de Saint-Laurent-du-Pont à la Grande-Chartreuse, dans les marnes que l'on rencontre à gauche de la grande route à un quart d'heure au-dessus de la porte de l'OEillet ; on l'y trouve en même temps que le *Toxaster oblongus* (Ag.) et le *Pygaulus depressus* (Ag. et Desor). — T. néocomien sup.

6. *D. Repellini* (1) (nobis), pl. 2, fig. 10-11. — Diamètre

(1) Dédié à M. Repellin jeune, un des naturalistes de notre ville qui s'occupent avec le plus d'ardeur et de succès d'études paléontologiques.

15 à 35 mm., hauteur variable 1/2 et plus. L'aire ambulacraire
est à l'interambulacraire comme 1 est à 2 ou un peu moins de
2. Dans chaque aire ambulacraire deux rangées de tubercules, à peu près égaux entre eux, sont disposées en files régulières et très-rapprochés de chaque zone porifère (1); en sorte
qu'entre ces deux rangées, il existe un espace notable rempli
par deux rangées de simples granules; dans l'aire interambulacraire, outre deux rangées principales formées de tubercules assez égaux entre eux et à ceux de l'aire ambulacraire (1),
il existe quatre rangées secondaires, savoir : deux entre chaque rangée principale et deux extérieures à ces mêmes rangées. Ces rangées secondaires ne sont pas aussi étendues
toutefois que les rangées principales; elles s'amoindrissent et
cessent en s'approchant de la bouche et de l'anus. Les tubercules de ces rangées secondaires sont du reste assez gros; appareil génital étroit; bouche large. Ces divers caractères rendent cette jolie espèce facile à reconnaître; elle n'est pas rare
dans le terrain néocomien inférieur, au Fontanil, à Saint-
Pierre-de-Cherène, etc.

7. *D. uniforme* (nobis), pl. 11, fig. 4 6. — Diamètre 20 mm.
(hauteur non déterminée, le seul exemplaire que nous possédions étant très-détérioré). L'aire ambulacraire est à l'interambulacraire à peu près comme 2 est à 3. Cette espèce, qui a le
faciès d'un *Echinus*, est couverte de tubercules à très-peu près
tous égaux entre eux (1) très-distinctement perforés et crénelés,
très-rapprochés, à scrobicules entourés de petits cercles scrobiculaires tous tangents entre eux, excepté pourtant dans une
petite bande étroite, située au milieu de l'aire ambulacraire.
Dans cette aire et vers l'ambitus, on compte au moins de six
à quatre rangées de tubercules et une douzaine environ dans
l'aire interambulacraire, indépendamment de quelques tubercules secondaires moins gros. Partout de fins granules garnissent les intervalles libres. Le sommet et la base sont dété-
riorés dans notre exemplaire; nous pensons pourtant qu'il
appartient au genre *Diadema*. — Marnes du Fontanil. —
T. néocomien inf. — Très-rare.

B. Tubercules imperforés.

† *Branches ambulacraires formées de deux séries verticales de pores.*

VIII° GENRE.— *Cyphosoma* (Ag.). — Test mince à peu près également aplati sur les deux faces ; branches ambulacraires onduleuses ; deux rangées seulement de tubercules crénelés, non perforés (!) dans chaque aire ; ces tubercules ne sont pas plus gros dans une aire que dans l'autre ; bouche circulaire peu entaillée.

1. *Cyphosoma paucituberculatum* (nobis), pl. 1, fig. 27–28. an *C. circinatum* ? (Ag.). — Diamètre 12 à 20 mm. environ, hauteur à peu près 1/2 ; l'aire ambulacraire est à l'interambulacraire comme 3 est à 5 environ ; 6 à 7 tubercules dans chaque rangée. Ces tubercules sont écartés les uns des autres, assez élevés, coniques. En nous aidant de la loupe, nous n'avons pu y apercevoir aucune trace de perforation. — Calcaire marneux vers l'ermitage de la montagne de Néron près Grenoble. — T. néocomien inf. — Rare.

IX° GENRE. — *Arbacia* (Gray, Ag.). — Test mince de forme sphéroïdale, couvert de nombreux petits tubercules imperforés (!), non crénelés (!), formant des rangées multiples sur les aires interambulacraires et quelquefois sur les ambulacraires ; bouche circulaire peu entaillée ; appareil génital étroit, en forme d'anneau.

1. *Arbacia globulus*, pl. 2, fig. 7-9 (Ag. et Desor, Cat. rais. des échin., An. des sc. nat., déc. 1846). — Diamètre 8 à 20 mm. environ, hauteur 3/4 ; diamètre de l'appareil génital 1/10. L'aire ambulacraire est à l'interambulacraire comme 3 est à 7 ou 8. On compte environ dans l'aire interambulacraire une douzaine de rangées de tubercules tous égaux, très-rapprochés et moitié moins de rangées de tubercules semblables dans l'autre aire ; bouche très-grande, occupant presque toute la face inférieure. Cet oursin se rapproche de l'*Arbacia granulosa* (Ag.), *Echinus granulosus* (Munster), par la disposition de ces tubercules ; mais, dans notre espèce, ils sont

moins nombreux. L'unique exemplaire que nous possédions
d'abord, nous avait été envoyé de Saint-Jean-en-Royans
(Drôme), avec d'autres fossiles de la craie de ce pays, mais
sans indication de localité ; depuis, M. Repellin jeune en a
trouvé deux petits exemplaires à Rimet, en-dessus de Rancurel en allant au Fâ, dans le terrain néocomien sup.

†† *Branches ambulacraires formées de paires de pores, disposées obliquement sur trois rangs.*

X⁰ GENRE. — *Echinus* (Lin. Ag.). — Test renflé sup. ;
branches ambulacraires à paires de pores disposées obliquement sur trois rangs ou en forme d'arcs (!) ; aire interambulacraire souvent double de l'aire ambulacraire ; tubercules imperforés (!), non crénelés (!), de même grosseur dans les deux
aires et formant plusieurs rangées verticales ; bouche circulaire que des entailles rendent plus ou moins décagonale. Au
sommet, quatre plaques génitales égales, et une plaque impaire plus grande (corps *madréporiforme*) qui indique l'axe
antéro-postérieur.

1. *Echinus denudatus* (nobis), pl. 2, fig. 13-14. — Diamètre variable 20 à 60 mm., hauteur 7/12 environ. L'aire ambulacraire est double de l'autre aire ; zone porifère, large à
cause de l'obliquité des rangées de pores, égalant à la face sup.
presque la moitié de la zone interporifère et égalant cette dernière zone vers le pourtour de la bouche ; vers ce même pourtour, les aires ambulacraires et interambulacraires sont égales en largeur. Les tubercules, un peu plus gros à la face
inf., sont en général assez uniformes. Dans la zone interporifère et inférieurement les tubercules sont disposés avec assez
peu d'ordre, mais, à la face sup., les files deviennent plus régulières ; on en distingue quatre environ dont les deux extérieures seulement se prolongent jusqu'au sommet. Sur l'aire
interambulacraire, on distingue d'abord deux rangées principales et régulières de tubercules partant de la bouche et remontant jusqu'à l'anus ; on y compte en outre huit rangées
secondaires de tubercules à peu près aussi gros que les premiers, savoir : quatre en dehors et quatre en dedans des
rangées principales ; ces diverses rangées secondaires ne com-

mencent qu'à une certaine distance de la bouche, les quatre
intérieures s'élèvent peu et ne dépassent guère l'ambitus; les
quatre extérieures s'élèvent davantage; il résulte de cette disposition que, sur la face sup., la portion du test comprise entre
les deux rangées principales est nue et dépourvue de tubercules; les granules y sont même moins abondants qu'ailleurs;
bouche bien entaillée. — Marnes du Fontanil. — T. néocomien
inf. — Rare.

2. *E. rotundus* (nobis), pl. 5, fig. 7-9. — Diamètre très-variable de 15 à 50 mm., hauteur 5/6 à 3/4; test épais de forme
globuleuse, ressemblant un peu à une orange; face inf. peu
aplatie; l'aire ambulacraire est à l'interambulacraire environ
comme 11 est à 17, ou comme 7 est à 12. Les zones porifères
sont larges à cause de l'extrême obliquité des paires de pores;
chacune d'elles égale en largeur environ la moitié d'une zone
interporifère. Les tubercules, également gros sur les deux
faces, sont bien plus petits que dans les autres espèces; ils ne
sont pas très-égaux entre eux; un autre caractère qu'ils présentent est de ne pas former de files bien régulières, mais
d'être groupés presque irrégulièrement. Dans la zone interporifère, nombreux et presque confluents à la face inf., on les
trouve en bien moins grand nombre à la face sup. où ils sont
placés surtout le long des zones porifères, de manière que la
partie moyenne en est presque dépourvue. Une disposition
semblable s'observe dans l'aire interambulacraire; au-dessus
de l'ambitus les tubercules y forment, sur chaque assule, des
groupes de cinq à douze, placés extérieurement près des lignes
de pores, de sorte que la partie moyenne et sup. de cette aire
est toute nue; des milliers de granules très-égaux, très-fins et
très-serrés remplissent tous les espaces dépourvus de tubercules, en formant un sablé uniforme des plus élégants. Le
parquet des plaques coronales est très-distinct dans l'aire interambulacraire; de l'ambitus au sommet, on compte neuf
assules, les trois sup. sont aussi hautes que larges, les autres, en conservant à peu près la même hauteur, s'élargissent
à mesure qu'elles sont plus inférieures; bouche peu entaillée.
— Chemin de Rancurel au hameau du Fâ. — T. néocomien
sup.

DEUXIÈME DIVISION.

ECHINIDES PARANORMAUX OU IRRÉGULIERS,

*(Ayant la bouche et l'anus non opposés sur une même ligne
verticale passant par le sommet.)*

PREMIÈRE SECTION.

ÉCHINIDES POURVUS D'UN APPAREIL MASTICATOIRE.

(Bouche centrale ou subcentrale; ambulacres pétaloïdes bornés.)

FAMILLE II. — CLYPÉASTROIDÉES (*CLYPÉASTROIDES*, Ag.).

Caractère. — Test épais de forme souvent aplatie ; ambitus
pentagonal, elliptique ou circulaire, parfois sinué ou lobé ;
ambulacres plus ou moins largement pétaloïdes, quelquefois
fermés, *bornés à la face supérieure* (!), simplement rectilignes en
forme de sillons ou anastomosés à la face inf. ; bouche centrale ou subcentrale (I), pentagonale ; anus marginal, infra ou
supra-marginal ; tubercules petits, nombreux, très-serrés, et
très-uniformes sur toutes les parties du test, portant (dans les
espèces vivantes) de petites soies ; appareil masticatoire, présentant cinq machoires horizontales ; appareil génital formé
de cinq plaques génitales, formant un cercle autour du corps
madréporiforme et de cinq plaques ocellaires intercalées
entre les premières.

Nous n'avons rencontré, dans le département de l'Isère,
aucune espèce appartenant à cette famille. Un naturaliste a
seulement signalé à M. Repellin l'existence de l'*Amphiope
bioculata* (Ag.) dans la molasse de Royannais, non loin de la
frontière de notre dép., où existe le prolongement de ce même
terrain tertiaire et où par conséquent il serait possible qu'on
rencontrât cette espèce. Nous la décrirons en conséquence.

Ier GENRE. — *Lobophora* (Ag., Cat. rais. des éch., l. c.).
Scutella des auteurs. -- Test de forme très-aplatie, perforé ou
à ambitus subcirculaire entaillé ; ambulacres très-pétaloïdes,
bornés sur la face sup., fermés ; sillons ambulacraires de la

face inf., onduleux et peu ramifiés ; bouche petite à machoires plates ; anus infra-marginal, quatre pores génitaux con-
tigus au corps madréporiforme.

1er Sous-genre. — *Amphiope* (Ag.). — Deux perforations arrondies
sur la ligne de prolongement des ambulacres postérieurs.

1. *Amphiope bioculata* (Ag.), *Scutella bioculata* (auct.), (*En-
cycl. méthod.* (vers), pl. 147, fig. 5-6). — Diamètre longitudinal 50 à 70 cent.; diamètre transverse un peu plus grand ; hauteur moins de 1/8. Les deux yeux ou perforations caractéristiques sont plus près de l'extrémité bornés des ambulacres que
de l'ambitus. Les exemplaires qui ont servi à cette description
viennent de Suze près St-Paul-trois-Châteaux, et nous ont
été donnés par M. Chalande jeune, de Lyon. M. Berthelot a
vu aussi à St-Jean-en-Royans une espèce de *Clypeaster* qui
était peut-être le *C. scutellatus* (Marcel de Serre). — Parmi les
principaux genres de la famille des Clypeastroïdées on peut
citer les suivants : *Clypeaster, Lagana, Scutella, Fibularia* (Ag).

DEUXIÈME SECTION.

ECHINIDES DÉPOURVUS D'APPAREIL MASTICATOIRE.

(*Ambulacres de forme variable*).

§ I. *Un seul centre ambulacraire.*

(Les cinq ambulacres (les postérieurs quelquefois disjoints pourtant)
convergent vers un point central).

† *Bouche centrale ou subcentrale, non labiée.*

* *Ambulacres simples.*

FAMILLE III. — GALÉRIDÉES (groupe des Galérites de M.
Desor , Monog. des éch., 3e livr.). (Famille des Cassidulides, groupe des Echinonéïdes d'Ag. et Desor, Cat. rais. des
éch., l. c.).

Caractères.— Test de forme variable, conique , hémisphé-
roïdale, orbiculaire, etc.; ambitus allongé ou circulaire; un seul
centre ambulacraire ; ambulacres toujours simples, conti-

nués (!); zones porifères non fermées (!); bouche centrale ou subcentrale en avant (!), non labiée, de forme plus ou moins décagonale ou pentagonale, paraissant souvent circulaire, sans bourrelets marginaux; anus en général assez grand, ovale ou pyriforme, supère, marginal on infère : tubercules épars ou sériés, très-souvent perforés, mamelonnés et crénelés; granules variables; pas d'appareil masticatoire; cinq plaques génitales et cinq ocellaires.

Iᵉʳ GENRE. — *Holectypus* (Ag. et Desor, Cat. rais. des éch., Ann. des sc. nat., mars 1847). *Discoidea* (Gray, Ag.), (*Galérites* des auteurs). — Test de forme hémisphérique, déprimée ou subconique; ambitus parfaitement circulaire (!), face inf. plus ou moins plane ou pulvinée; bouche décagonale; anus longitudinal, très-grand (!), marginal ou ord. inframarginal, occupant souvent presque tout l'espace compris entre la bouche et l'ambitus; pas de ces cloisons intérieures dans le test qui déterminent inférieurement des entailles sur les moules fossiles (!); tubercules sériés. Quatre pores génitaux forment avec les plaques ocellaires un anneau autour du corps madréporiforme qui est central.

1. *Holectypus macropygus* (Ag. et Desor, Cat. rais. des éch., l. c.). *Discoidea macropyga* (Ag., éch. foss. Suiss., pl. 6, fig. 1-3). — Diamètre 10 à 20 mm., hauteur à peine 1/2; l'aire ambulacraire est à l'interambulacraire comme 4 est à 7; entailles de la bouche très-distinctes; anus pyriforme, très-grand, occupant presque tout l'espace compris entre la bouche et l'ambitus; bords formant l'ambitus renflés; tubercules de même grandeur sur toutes les parties du test (!); granules disposées par séries horizontales concentriques au sommet. — Marnes du Fontanil. — T. néocomien inf.

2. *H. depressus* (Ag. et Desor, Cat. rais. des éch., l.c.). *Discoidea depressa* (Ag., éch. foss. Suiss., pl. 6., fig. 7-9). — Diamètre antéro-post. variable de 12 à 40 mm., hauteur 1/2 environ. L'aire ambulacraire est à l'interambulacraire comme 10 est à 14. Test de forme subconique; ambitus circulaire souvent très-légèrement rétréci et tronqué en arrière; face inf. un peu concave; anus pyriforme très-grand, occupant presque tout l'espace compris entre l'ambitus et la bouche; tubercules

sériés bien plus gros à la face inf. que sur la face sup. (!),
formant des files régulières. Dans les gros exemplaires on
compte vers l'ambitus seize rangées dans l'aire interambulacraire et six dans l'aire ambulacraire ; dans les petits exemplaires, ces séries sont moins nombreuses. Tubercules milliaires nombreux , épars. — Passins près Morestel, dans l'oolite
moyenne ; les tubercules y sont mal conservés.

3. *H. Neocomensis* (nobis), pl. 2, fig. 19-20. — M. Lichtlin, in-
specteur des eaux et forêts, nous a rapporté un exemplaire d'un
Holectypus qu'il avait trouvé lui-même sur le chemin de St-
Laurent-du-Pont à la Grande-Chartreuse , dans une couche
marneuse située au-dessus de la porte de l'OEillet , où l'on
rencontre le *Toxastes oblongus*, le *Pygaulus depressus*, le *Janira Deshayana*, et d'autres fossiles du terrain néocomien sup.
Cet *Holectypus* présente tous les caractères généraux de l'espèce précédente. Son diamètre est de 29 mm.; sa hauteur de
17 mm. L'aire ambulacraire est à l'interambulacraire comme
10 est à 17. Elle en diffère à peine par sa forme plus conique,
moins déprimée , et par les aires ambulacraires peut-être un
peu plus étroites.

IIᵉ GENRE. *Discoidea* (Gray, Ag.). (*Galerites* des auteurs). —
Genre très-voisin du précédent; test hémisphérique ou subconique; ambitus parfaitement circulaire (!); face inférieure plane
ou pulvinée; bouche circulaire légèrement entaillée aux angles des ambulacres ; anus longitudinal , en général plus petit que dans le genre précédent , situé à la face inf. entre la
bouche et l'ambitus. Des cloisons situées dans l'intérieur du
test déterminent des entailles caractéristiques sur les moules
fossiles, surtout à la partie inf., autour de l'ambitus ! Tubercules sériés.

1. *Discoidea cylindrica* (Ag., éch. foss. Suiss., pl. 6, fig.
13-15), *Galerites canaliculatus* (Gold.), *G. cylindrica* (Lam.).
— Diam. de 30 à 45 mm. L'aire ambulacraire est à l'interambulacraire comme 2 est à 7; hauteur 2/3 à 3/4; test hémisphérique
à sommet régulièrement bombé; face inf. très-plate (!) bouche
en apparence circulaire. L'anus, plus petit en proportion que
dans les autres espèces , est ovale, situé entre la bouche et
l'ambitus , un peu plus rapproché de ce dernier ; son diamè-

tre longitudinal (égal au sixième ou au septième du diamètre de la base) est à son diamètre transverse comme 3 est à 2; les tubercules sont petits et uniformes ; ils sont disposés en séries horizontales à la base où ils sont plus développés. L'appareil génital, dans les exemplaires bien conservés, se compose de cinq plaques génitales ayant la forme de boutons aplatis ; les cinq plaques ocellaires sont à peine visibles. — Cette belle espèce se trouve en abondance et en parfait état de conservation, dans les ravins de la Fauge près le Villard-de-Lans, à St-Aignan-en-Vercors (Drôme). — Craie chloritée.

2. *D. conica* (Desor, Monog. des éch., 3e livr., pl. 7, fig. 17-22.) — Diamètre variable de 12 à 30 mm., hauteur 3/5 environ. L'aire ambulacraire est à l'interambulacraire comme 1 est à 2 environ; test assez épais de forme conique ; anus pyriforme, à extrémité la plus aiguë dirigée vers la bouche. La troncature du bord postérieur indiquée comme caractère par M. Desor, paraît ne pas exister toujours dans les exemplaires de notre pays ; lorsque cette espèce est à l'état de moule et privée de son test, on la distingue facilement aux dix profondes entailles de la base surtout vers l'ambitus. — Chemin de Rancurel au hameau du Fâ; les Ravix près le Villard-de-Lans. — Très-commun. — Gault.

3. *D. rotula* (Ag., éch. foss. Suiss., pl. 6, fig. 10-12), *Nucleolites rotula* (Brong.).— Parmi les espèces du *D. conica* que nous avions envoyées à Paris à M. Desor, il s'est trouvé quelques exemplaires provenant des Ravix ou de la Fauge, et dont les moules ne présentaient pas des entailles aussi profondes que celles qui caractérisent l'espèce précédente ; M. Desor les a rapportés au *Discoidea rotula* ; nous n'avons pu saisir aucune autre différence, probablement à cause du mauvais état des exemplaires observés. Voici au reste, d'après M. Desor (Monog. éch., 3e livr., pag. 61), les caractères essentiels de cette espèce. L'ambitus est parfaitement circulaire ; l'anus est situé au milieu de l'espace, entre le bord postérieur et la bouche. Il a la forme d'un ovale dont la pointe, dirigée en dehors, est aussi aiguë ou plus aiguë que celle qui est du côté de la bouche. Le test, enfin, est hémisphérique, moins conique que celui du *D. conica*, et son moule est moins entaillé.

4. *D. subuculus* (Broun.,Ag.). (Desor, Monog. éch., 3ᵉ livr., pl. 7, fig. 5-7.), *Galerites rotularis* (Lam.), *G. subuculus* (Gold.). — Diamètre 10 à 12 mm., hauteur environ 3/5 à 3/4. L'aire ambulacraire est à l'interambulacraire comme 5 ou 4 est à 7. L'anus est grand, infra-marginal. Son diamètre transverse diffère assez peu du longitudinal ; ce petit oursin est très-élégamment parqueté ; les lignes de suture des assules se dessinent en brun d'une manière très-distincte ; en outre, on aperçoit souvent, dans chaque aire interambulacraire, une espèce de ligne saillante ou carène qui s'étend du sommet à la base et qui ajoute à l'élégance de cette jolie espèce. — Les Ravix près le Villard-de-Lans. — Gault. — Il est commun du reste dans toute la France.

IIIᵉ GENRE. — *Galerites* (Lam., Ag.). — Test de forme renflée, souvent conique ou subpentagonal ; ambitus non régulièrement circulaire (!), ord. allongé, toujours plus rétréci en arrière qu'en avant (!) ; face inf. plane ; bouche pentagonale d'apparence circulaire ; anus ord. marginal, quelquefois infra ou supra-marginal ; souvent une carène suranale ; tubercules assez écartés, perforés, mamelonnés, non sériés !

1. *Galerites globulus?* pl. 3, fig. 23-24 (Desor, Monog. éch., 3ᵉ liv., pl. 5, fig. 1-4.) — Diamètre antéro-postérieur et transverse 10 à 25 mm., hauteur 7/8 environ. L'aire ambulacraire est à l'interambulacraire comme 4 est à 9 ; test mince de forme presque globuleuse (!) ; face inférieure aplatie au centre dans une petite étendue ; anus ovale, longitudinal, supra-marginal, visible pourtant, le test étant vu en-dessous, plus grand que la bouche et entouré d'un léger rebord saillant, qui nous avait d'abord fait prendre cette espèce pour un *Caratomus*, et qui nous laisse quelques doutes sur sa détermination. — La Fauge près le Villard-de-Lans. — Craie chloritée. — Assez rare.

2. *G. castanea* (Ag., Desor, Monog. éch., 3ᵉ livr., pl. 4, fig. 12-16), *Nucleolites castanea* (Brong.). — Diamètre antéro-postérieur 24 à 40 mm. ; diamèt. transverse 8/9, hauteur 5/8. L'aire ambulacraire est à l'interambulacraire comme 1 est à 3 environ ; test assez mince, de forme plus longue que large et plus large que haute ; ambitus plus ou moins subpentago-

nal ; anus grand, marginal.— Chemin de Rancurel au Fâ ; les Ravix près le Villard-de-Lans. — Gault. — Commun, mais le plus souvent en mauvais état.

IVe GENRE. — *Pyrina* (Ch. Desm. , Ag.). — Test de forme allongée plus ou moins renflée, régulièrement ovale (!); bouche pentagonale sans bourrelets, plus ou moins allongée et même oblique ; anus longitudinal, supère (!) ; tubercules serrés, nombreux, non sériés.

1. *Pyrina pygœa* (Ag., Desor, Monog. éch., 3e livr., pl. 5, fig. 27-31). — Grand diamètre 12 à 25 mm. ; diamèt. transverse 4/5 à 9/10, hauteur un peu plus de 1/2. Le rapport des aires ambulacraires aux interambulacraires varie ; il est en général comme 1 est à 2. Test régulièrement ovale quand il n'a pas été déformé. Anus ovale supère, situé à peu près à égale distance de l'ambitus et du sommet ambulacraire, visible ainsi à la fois, lorsqu'on regarde le test d'en haut ou latéralement par le bord postérieur. Dans la figure de cette espèce, donnée par M. Desor (Monog. des éch., 3e livr., pl. 5, fig. 27-31, l'anus est placé trop postérieurement. — Non rare dans les marnes du Fontanil appartenant au néocomien inf.— M. Berthelot en a trouvé aussi un exemplaire dans les marnes de l'ermitage de Néron.

2. *P. cylindrica* (nobis), pl. 3, fig. 12-15, an *P. Desmoulinsii*? (d'Archiac, Mém. soc. géol. P., nouv. série, pl. 13, fig. 4, A. B. C. D.). — Diamètre antéro-post. 12 à 25 mm. ; diam. transv. 6/7, hauteur 4/7. Ces divers rapports varient un peu suivant les exemplaires. Les aires ambulacraires sont aux interambulacraires comme 1 est à 2 ; anus pyriforme, à extrémité sup. aiguë et terminée en pointe ; il occupe exactement le milieu du bord postérieur ; aussi, en regardant l'oursin par le haut ou par le bas, on n'aperçoit qu'une échancrure ; l'anus n'est vu en entier que latéralement. Cette espèce diffère du *P. pygœa* et du *P. ovulum* (Ag.), surtout en ce que l'anus est placé plus bas tout à fait postérieurement et du *P. Desmoulinsii* (d'Archiac), en ce que cette ouverture présente supérieurement un angle aigu. — Les Ravix près le Villard-de-Lans ; montagne entre Rancurel et le hameau du Fâ. — Gault.

Vᵉ GENRE. — *Pygaster* (Ag.). — Test de forme circulaire ou ovale; bouche centrale entaillée par dix échancrures; anus grand, supère, très-rapproché du centre ambulacraire (!); tubercules sériés, bien développés. Les espèces se trouvent dans les terrains jurassique et crétacé.

1. *Pygaster truncatus* (Ag., Desor, Monog. éch., 3ᵉ livr., pl. 11, fig. 8-10). — Nous n'avons vu qu'un moule que nous rapportons à cette espèce; il présente les dimensions suivantes : diamètre antéro-postérieur 55 mm., largeur 66 mm. hauteur 28 mm.; aires interambulacraires doubles environ des ambulacraires; test de forme ovale, plus large que long (!), tronqué en arrière; face sup. peu convexe; centre ambulacraire médian; anus très-large, pyriforme, occupant presque tout l'espace compris entre le centre ambulacraire et l'ambitus; bord postérieur de l'ambitus, présentant une dépression légère et très-évasée; les ambulacres pairs, surtout les postérieurs, sont arqués en arrière; face inférieure pulvinée vers le pourtour, concave au centre où l'on observe la bouche grande, de forme ovale, profondément entaillée. — Environs du hameau du Fâ. — Il doit provenir du Gault ou du terrain néocomien.

VIᵐᵉ GENRE. *Hyboclypus* (Ag.). — Test de forme aplatie; ambitus ovale ou subcirculaire plus large en arrière qu'en avant; anus supère rapproché du centre ambulacraire et logé au fond d'un sillon qui s'étend longitudinalement jusqu'à l'ambitus; ambulacres disjoints quoique convergeant vers un seul centre ambulacraire; face inf. pulvinée; bouche excentrique en avant. Ce genre, voisin des *Dysaster* et surtout des *Nucléolites*, diffère principalement de ces derniers par ses ambulacres qui paraissent simples; mais comme les pores s'éloignent les uns des autres et s'effacent en approchant de l'ambitus, il est probable que la zone porifère est fermée et qu'en conséquence le genre *Hyboclypus* doit faire partie de la famille des Nucléolidées. Nous le laissons dans la famille des Galéridées pour apporter le moins de changement possible à la classification adoptée par MM. Agassiz et Desor.

1. *Hyboclypus Gibberulus* (Ag., Desor, Monog. éch., 3. liv., pl. 13, fig. 12-14). — Diamètre antéro-post. 30 à 40 mm., largeur égale ou à peine moindre, hauteur 2/5 environ; aire am-

bulacraire étroite, presque 4 fois moins large que l'aire interambulacraire. Cette espèce est facile à reconnaître à sa forme
bossue, ondulée et irrégulière. L'ambitus est échancré antérieurement par un sillon qui s'étend sur la face inf. jusqu'à
la bouche ; à ce sillon correspond en avant sur la face supérieure une carène très-saillante (!) qui s'étend jusqu'au centre
ambulacraire et sur laquelle se trouve l'ambulacre impair ;
anus très-rapproché du centre ambulacraire ; sillon sous-
anal large et profond ; face inférieure fortement ondulée ;
bouche distinctement pentagonale quand l'exemplaire est
bien conservé. — Ce fossile se rencontre dans l'oolite inf. du
département de l'Ain, tout près de notre département. Comme
ce terrain se prolonge aussi dans l'arrondissement de la Tour-
du-Pin, il est assez probable qu'on pourra l'y rencontrer.

** *Ambulacres pétaloïdes.*

FAMILLE IV. — NUCLÉOLIDÉES (famille des Cassidulides,
groupe des Nucléolides, Ag. et Desor, Cat. rais. des échin.,
l. c.).

Caractères. — Test de forme variable, aplatie, anguleuse
ou subcylindrique; ambitus allongé ; un seul centre ambulacraire ; ambulacres plus ou moins pétaloïdes, interrompus
ou effacés vers l'ambitus (!) ; zones porifères toujours pétaloïdes, ord. fermées; pores ambulacraires d'une même paire
plus ou moins réunis par un sillon transverse ; bouche non
labiée, centrale ou subcentrale en avant, souvent entourée
de bourrelets et pourvue d'ambulacres pétaloïdes péristo-
maux ; anus de position variable ; tubercules non sériés ; pas
d'appareil masticatoire ; cinq plaques génitales et cinq ocellaires.

Iᵉʳ GENRE. *Nucleolites* (Lamarck, Ag.). — Test mince de
forme allongée, plus large en arrière qu'en avant (!); ambitus
comme tronqué et subcarré postérieurement ; anus supère,
tantot à fleur de test, tantôt logé dans un sillon plus ou moins
profond ; bouche plus ou moins pentagonale, sans bourrelets
ni rosette ambulacraire pétaloïde ; 4 pores génitaux.

1. *Nucleolites Roberti* (*) (nobis), pl. 3, fig. 10-11. — Diamètre antéro-post. 12 à 20 mm., diamètre transv. 3/4, hauteur 1/2 environ. — Test de forme déprimée, allongée, tronquée carrément en arrière; face inférieure aplatie; sommet dorsal identique avec le centre ambulacraire, situé aux deux cinquièmes environ de la longueur; diamètre transverse tout à fait postérieur; ambulacres à peine pétaloïdes (!); zones interporifères non pétaloïdes; zones porifères pétaloïdes fermées. Dans les ambulacres postérieurs, les zones porifères se ferment bien avant d'atteindre l'ambitus; la zone interporifère est un peu plus large seulement que l'une des zones porifères adjacentes; bouche parfois presque centrale, dans tous les cas bien moins excentrique en avant que le sommet. — Sassenage, Dent-de-Moirans, chemin de la Grande-Chartreuse à la porte de l'OEillet, Rancurel près du Fâ, etc. — Assez rare pourtant dans ces diverses localités. — T. néocomien sup.

2. *N. Olfersii* (Ag. éch. foss. Suiss., pl. 7, fig. 7-9). — Diamètre antéro-postérieur 16 à 30 mm., diamètre transversal 5/6, hauteur 1/2 à 4/7; test assez épais; face sup. convexe; sommet génital correspondant à peu près aux 2/5 antérieurs de la longueur; bouche un peu plus antérieure encore; ambulacres, zones porifères et interporifères pétaloïdes; la largeur des ambulacres pairs antérieurs est double de la largeur de ces mêmes ambulacres prise au point où ils présentent le maximum d'étranglement. L'anus s'avance assez sur la face sup. pour qu'on puisse l'apercevoir aussi bien d'en haut que par côté; le sillon sous-anal n'échancre pas l'ambitus ou n'y occasionne qu'une légère dépression; le bord postérieur n'est pas coupé carrément comme dans les autres espèces, il est arrondi. — Marnes néocomiennes du Fontanil. — Non rare.

3. *N. Neocomensis* (Ag. et Desor, Cat. rais. des éch., l. c.), *Catopygus Neocomensis* (Ag., éch. foss. Suiss., pl. 8, fig. 12-14). — Diamètre antéro-post. 25 à 40 mm., dans un exemplaire même 48 mm., largeur 7/8, hauteur 1/2 à 9/16; test plus

(*) Dédié à M. Désiré Robert, qui s'occupe avec zèle de recherches paléontologiques et qui nous a communiqué un grand nombre d'exemplaires fossiles.

mince que dans l'espèce précédente ; face sup. uniformément
bombée ; bord postérieur tronqué carrément ; sommet génital
et bouche un peu antérieure ; ambulacres un peu moins pétaloïdes que dans l'espèce précédente ; anus tout à fait postérieur (!), visible seulement latéralement et ne laissant guère
voir qu'une échancrure quand on le regarde par la face sup. ;
sillon sous-anal échancrant l'ambitus ! — Marnes néocomiennes du Fontanil, où il est mêlé avec l'espèce précédente.

NOTA. M. Desor nous a indiqué comme appartenant au
N. Nicoleti (Ag. et Des., Cat. rais. des éch., l. c.), *N. lacunosus*
(Ag., éch. foss. Suiss., pl. 7, fig. 4-6, non Gold.), un exemplaire
du Fontanil que nous lui avions envoyé à Paris ; nous n'avons
trouvé depuis rien qui se rapportât à cette espèce.

IIᵉ GENRE. — *Pygaulus* (Ag. et Desor, Cat. rais. des éch.,
l. c.), *Catopygus* (Ag., éch. foss. Suiss.). —Test de forme renflée, souvent cylindroïde ; face inf. plus ou moins pulvinée ;
bouche obtusément pentagonale, plus ou moins allongée et
oblique, sans bourrelets ni rosette ambulacraire pétaloïde ;
anus longitudinal (!), post ou infra-marginal, surmonté d'une
carène ou rostre obtus (!) ; quatre pores génitaux.

1. *Pygaulus depressus* (peut-être *P. Desmoulini*) (Ag. et Desor, Cat. rais. des éch., l. c.), *Catopygus depressus* (Ag., éch.
foss. Suiss., pl. 8, fig. 4-6), *Nucleolites depressus* (A. Brong.,
non Ag.). — Grandeur très-variable ; diamètre antéro-postérieur 15 à 40 mm., diamètre transversal 2/3 à 3/4, hauteur
environ 1/2 plus ou moins ; test épais ; extrémité postérieure un
peu plus large que l'antérieure ; sommet dorsal et bouche subcentrals en avant ; anus marginal ou presque infra-marginal,
jamais visible d'en haut ; ambulacres à peine pétaloïdes (!) ; la
zone interporifère est double de l'une des zones porifères adjacentes ; tubercules nombreux, inégaux.—Cette espèce est commune dans le terrain néocomien supérieur qu'elle caractérise
dans notre pays ; on la trouve à Sassenage, au mont Néron, à
Roche-Pleine près St-Robert, au-dessus de Veurey, à la Grande-
Chartreuse vers la porte de l'OEillet, sur le chemin de Rancurel au Fâ, etc.

2. *P. cylindricus*, pl. 3, fig. 16-18 (Ag. et Desor, Cat. rais.
des éch. l. c.). — Diamètre antéro-postérieur de 30 à 50 mm.,

diamètre transversal 4/5, hauteur 2/3. Gros oursins à test épais, de forme très-renflée, cylindroïde; extrémité postérieure un peu plus large que l'antérieure; celle-ci présente un sillon très-évasé, peu sensible surtout supérieurement, où se loge l'ambulacre impair. Anus marginal; les ambulacres sont larges, bien pétaloïdes. Le sommet génital est assez excentrique en avant, puisqu'il est situé environ au tiers antérieur de la longueur; la bouche est encore plus antérieure; elle présente dans les exemplaires bien conservés une rosette ambulacraire péristomale en partie pétaloïde et des traces de bourrelets (voy. pl. 3, fig. 17), ce qui rapprocherait notre espèce du genre *Pygurus* si sa forme générale ne l'en éloignait; c'est donc une de ces espèces intermédiaires entre deux genres.—Sassenage, bords de la vallée de Rancurel, carrière de Roche-Pleine à St-Robert, etc. — T. néocomien sup.

IIIe GENRE.—*Pygurus* (Ag.) (*Echinolampas*, *Clypeaster* des anciens auteurs). — Test de forme discoïdale plus ou moins renflée; ambulacres à fleur de test, à zones porifères larges; face inf. plus ou moins concave; bouche pentagonale entourée de gros bourrelets distincts et d'une rosette ambulacraire pétaloïde(!); anus plus ou moins longitudinal, jamais transverse (!), postérieur et souvent infra-marginal; tubercules nombreux.

1. *Pygurus rostratus* (Ag., éch. foss. Suiss., pl. 11, fig. 4-6). — Diamètre antéro-postérieur 80 à 100 mm., diamètre transverse 21/23 environ, hauteur 1/3 environ; test déprimé, sa partie antérieure est un peu plus étroite que la postérieure. Le bord postérieur se termine en pointe en formant une sorte de bec (!); face sup. subconique; face inf. concave très-ondulée à cause des gros bourrelets de la bouche qui se prolongent jusque près de l'ambitus; sommet génital subcentral en avant. L'ambitus présente antérieurement une légère échancrure; les ambulacres très-pétaloïdes sont effilés à leur extrémité ext.; anus petit, infra-marginal, plutôt rond que longitudinal; bouche subcentrale en avant comme le sommet, entourée de gros bourrelets et de larges ambulacres très-pétaloïdes. — Marnes du T. néocomien inf. du Fontanil; on en trouve de nombreux fragments, mais les exemplaires entiers sont très-rares.

2. *P. Montmollini* (Ag., éch. foss. Suiss., pl. **11**, fig. 1-3).
—Diamètre antéro-postérieur 70 à 90 mm., diamètre transverse à peu près égal, hauteur 1/3 dans nos exemplaires, (1/2
d'après la planche des éch. foss. Suiss. de M. Agassiz).—Cette
espèce ressemble beaucoup à la précédente ; elle en diffère
surtout par son diamètre transverse qui égale ou dépasse
même le diamètre antéro-postérieur, par l'absence presque
complète du bec postérieur ou prolongement anal, par son
anus qui est plus grand, plus sensiblement longitudinal, par
l'échancrure antérieure de l'ambitus qui est plus profonde, par
ses ambulacres qui sont plus étroits et plus effilés extérieurement, le diamètre transverse *maximum* (la largeur) de ces
ambulacres étant plus rapproché du sommet ; cette différence
dans la forme des ambulacres permet même de reconnaître les
fragments de cet oursin qui se rencontrent assez souvent mêlés
avec l'espèce précédente dans les marnes du Fontanil. — T.
néocomien inf. — Les exemplaires entiers et bien conservés
sont très-rares.

3. *P. obovatus* (Ag. et Desor, Cat. rais. des éch., l. c.).
Catopygus obov. (Ag., Mém. soc. Neuchâtel), et *Pygorhynchus
obov.* (Ag., éch. foss. Suiss., pl. 8, fig. 18-20). — Diamètre
antéro-postérieur 40 à 55 mm., diamètre transverse 4/5, et
hauteur 2/5 environ ; test de forme déprimée ; ambitus ovale,
mais le bout antérieur est bien plus rétréci que le postérieur ;
celui-ci est arrondi et n'est pas coupé carrément ; face sup.
uniformément et régulièrement bombée ; face inf. presque
plane, concave seulement au centre, les bords qui séparent
ces deux faces sont épais et très-arrondis ; bouche et sommet
génital placés au tiers antérieur environ du diamètre longitudinal ; anus postérieur, placé à l'origine d'un large sillon vertical qui se perd insensiblement vers la face inf. En regardant cet oursin d'en haut, on ne voit pas l'anus mais seulement une simple échancrure ; 4 pores génitaux. — St-Pierre
de Chérène.—T. néocomien.—Rare.

IVᵉ GENRE. — *Echinolampas* (Gray, Ag., Ch. Desmoul.).
Clypeaster (Lam., Gold.). — Test épais de forme discoïdale ;
ambitus plus ou moins ovale ou arrondi ; face sup. bombée,
face inférieure *concave* ; ambulacres pétaloïdes interrompus ;
aires ambulacraires souvent renflées, saillantes sur la face

sup.; anus infra-marginal, toujours transverse (!); bouche et sommet génital subcentrals en avant; tubercules nombreux, serrés.

1. *Echinolampas hemisphæricus* (Ag., Encyclop. méth. (vers), pl. 144, fig. 3-4), *Clypeaster hémisph.* (Lam.) — Diam. antéro-post., 90 à 100 mm. et plus; diamèt. transverse 19/20 environ, hauteur 1/3. Grosse espèce (!) à test très-épais, de forme déprimée; ambitus ovale; face inf. plate, concave seulement au centre; zone interporifère 3 à 4 fois plus large que l'une des zones porifères adjacentes. — Cette espèce se trouve à St-Jean-en-Royans (Drôme), dans la molasse (terrain tertiaire moyen), tout près de la frontière du dép. de l'Isère où, très-probablement, il doit se rencontrer.

2. *E. scutiformis* (Ch. Desm., Lam., Ag.). — Diamètre antéro-post. 45 à 50 mm.; diamètre transverse 5/6; hauteur 1/2; face inf. concave, pulvinée vers l'ambitus. Cette espèce se distingue des autres échinolampas par le petit nombre relatif de ses tubercules; aussi on n'en compte guère par centimètre carré que 80 à 90, tandis que dans l'espèce précédente, par exemple, pour le même espace, ce nombre s'élève de 130 à 180. — Molasse (terrain tertiaire moyen). — Autrans, Rancurel, St-Julien-de-Ratz, etc. — Ces exemplaires y sont le plus souvent déformés.

†† Bouche plus rapprochée du bord antérieur que du centre, labiée, réniforme ou ovale, toujours transverse.
*Un sillon dorsal antérieur; anus postérieur sur une facette dite anale.

FAMILLE V. — SPATANGYDÉES (Famille des Spatangoïdes, Ag. et Desor, Cat. rais. des éch., l. c.)

Caractères. — Test ordinairement mince et de forme allongée ou subcirculaire, plus large en avant qu'en arrière; ambitus plus ou moins cordiforme, tronqué en arrière; sur la face supérieure se trouve un sillon placé antérieurement, échancrant l'ambitus et logeant l'ambulacre impair; ce dernier diffère ordinairement des 4 ambulacres pairs; sommet dorsal et centre génital distincts ou non; surface inférieure aplatie, ondulée par les dépressions ambulacraires et présentant un renflement médian, longitudinal, nommé *côte sternale*; bord postérieur présentant une troncature nommée *facette anale*; ambulacres de forme variable plus ou moins effacés ou interrompus avant d'arriver à l'ambitus; ils sont réunis ou disjoints à leur sommet, mais convergent toujours vers un seul centre; ils redeviennent plus apparents autour de la bouche où leurs tronçons forment une sorte de rosette visible dans les exemplaires bien conservés. Zones porifères toujours fermées avant d'arriver au pourtour (!); dans chaque ambulacre pair, la zone porifère postérieure est ordinairement plus large que l'antérieure. Pores simples, allongés ou conjugués; bouche, plus rapprochée du bord antérieur que du centre (!), dépourvue d'appareil masticatoire (!), réniforme ou ovale, toujours plus ou moins transverse, souvent labiée par la saillie de la côte sternale; anus ovale, longitudinal, rarement transverse, toujours situé sur la facette anale, au-dessus de l'ambitus (!); tubercules épars, souvent inégaux; les plus gros sont parfois crénelés et perforés; ils portent alors des piquants plus longs que les piquants ressemblant à des poils des autres tubercules. Quatre pores génitaux dessinant un trapèze, disposés par paire, savoir: une antérieure placée un peu en avant du sommet des ambulacres pairs antérieurs, et une postérieure à ces mêmes ambulacres; cinq trous ocellaires ord. peu apparents. En outre on observe dans beaucoup de genres des espèces de bandelettes lisses à la surface du test, n'offrant que des tubercules très-fins, bien plus apparents dans les oursins vivants que dans les fossiles; MM. Agassiz et Desor, qui les ont étudiés avec soin, les désignent sous le nom de *fasciole*. Ils appellent *péripétale* le fasciole qui entoure la rosette formée par les cinq ambulacres pétaloïdes (genres *Hemiaster*, *Schizaster*); *interne*, lorsqu'il circonscrit l'ambulacre impair (genre *Amphidetus*); *latéral*, lorsqu'il s'étend d'avant en arrière sur les flancs (genre *Schizaster*), et *sous-anal*, lorsqu'il est limité à la base de l'anus. Le fasciole péripétale et sous-anal sont souvent associés.

Ier GENRE. — *Spatangus* (Klein, Ag.). — Oursins de grande taille; ambulacres pairs et zones interporifères paires très-pétaloïdes (!), souvent presque fermés; ambulacres en général larges; l'impair seul est logé dans un large et profond sillon;

bouche grande, labiée; on observe à la surface supérieure,
indépendamment des petits tubercules ordinaires, de gros
tubercules épars, scrobiculés, crénelés et perforés; point de
fasciole péripétale, un fasciole sous-anal profondément échancré; le trapèze que dessinent les quatre points génitaux est plus
large que long. — Espèces vivantes et des terrains tertiaires.

1. *Spatangus ocellatus* (Defrance), (Ag. et Des., Cat. rais. des
éch., l. c.), *Sp. Nicoleti* (Ag., éch. foss. Suiss., pl. 4, fig. 7-8).—
Diamètre antéro-postérieur 70 à 100 mm. (1), hauteur de 1/3
à 1/4; test très-déprimé; ambulacres à pores écartés, conjugués; sommet dorsal et centre ambulacraire identiques. Cette
espèce est caractérisée par les gros tubercules de la face sup.
qui sont entourés d'un scrobicule très-profond. — Trouvé par
M. Repellin aîné dans la molasse de St-Jean-en-Royans, très-
près de la frontière du dép. de l'Isère. M. Chalande jeune, de
Lyon, nous a donné un bel exemplaire de cette espèce qu'il
avait rencontré dans la molasse de Saint-Paul-Trois-Châ-
teaux (Drôme).

IIᵉ GENRE. — *Hemiaster* (Desor) (Ag. et Desor, Cat. rais.
des éch., l. c.), *Micraster* (Ag.), *Spatangus* (auct.)— Oursins de
petite taille, renflés; sommet dorsal tout à fait postérieur et distinct du centre ambulacraire; les cinq ambulacres sont enfoncés chacun dans un sillon évasé (!); le sillon antérieur n'est pas
plus profond que les autres; les deux ambulacres postérieurs
sont bien plus courts que les deux pairs antérieurs. Les ambulacres pairs sont plus ou moins pétaloïdes ainsi que les zones
interporifères (!); un fasciole péripétal entourant la rosette
ambulacraire sur la face sup. (!); point de fasciole anal; trapèze formé par les points génitaux, plus large que long.

1. *Hemiaster Bufo* (Desor), *Micraster Bufo* (Ag.), *Spatangus
B.* (Brong.), Géol. Par., pl. 5, fig. 4. — Diamètre antéro-post.
22 à 35 mm., hauteur du sommet dorsal 5/6 environ; la hauteur du bord antérieur au point où finit l'ambulacre impair

---

(1) Dans toutes les espèces de la famille des Spatangydées et des
Dysastéridées, cette dimension est prise sans tenir compte de la profondeur du sillon antérieur qui est censé ne pas exister.

n'est que de 1/2 environ; diamètre transverse 1 environ. Sommet dorsal, comme on le voit, très-élevé, tout à fait postérieur et à peu près sur le même plan que la facette anale ; cette dernière est verticale; il en résulte que la face supérieure forme un plan très-incliné en avant caractéristique de l'espèce ; centre ambulacraire un peu postérieur ; ambulacres pairs postérieurs, au moins un tiers plus courts que les antérieurs. L'aire interambulacraire postérieure présente une carène médiane longitudinale ; zones interporifères ayant une largeur à peu près égale à l'une des zones porifères adjacentes; bouche réniforme entourée d'un anneau calcaire saillant! Cette espèce diffère de l'*H. prunella* (Desor), en ce que dans cette dernière espèce la bouche est simple, renflée, sans présenter d'anneau, et que la face sup. est moins inclinée. — La Fauge près le Villard-de-Lans. — Craie chloritée.

2. *H. minimus* (Desor), *Micraster minim.* (Ag., éch. foss. Suiss., pl. 3, fig. 16-18). — Diamètre antéro-postérieur 15 à 20 mm., hauteur du sommet dorsal un peu moins des 5/6. Cette espèce est très-voisine de la précédente; elle n'en diffère que par sa taille constamment moindre et que parce que néanmoins les pores des ambulacres y sont plus gros, plus allongés et moins nombreux. — Les Ravix près le Villard-de-Lans. — Gault; la plupart des exemplaires sont très-mal conservés.

Nous avons trouvé encore aux Ravix quelques exemplaires qui semblaient se rapprocher de l'*Hemiaster Phrynus* (Ag.), espèce différant surtout de l'*H. Bufo* par sa face sup. horizontale et non déclive en avant; mais ils étaient en trop mauvais état pour être décrits.

IIIe GENRE. — *Micraster* (Ag.), *Spatangus* (auct.)—Ce genre ressemble beaucoup au précédent ; il en diffère par sa forme moins renflée et essentiellement par l'absence du fasciole péripétale et la présence d'un fasciole sous-anal ; le sommet dorsal est quelquefois confondu avec le centre ambulacraire.

1. *Micraster distinctus* (Ag.), pl. 4, fig. 1-2. — Diamètre antéro-post. 30 à 60 mm., hauteur du sommet dorsal 5/7, diamètre transverse un peu moindre de 1 ; test épais; ambitus bien plus large en avant qu'en arrière ; centre ambulacraire médian ou un peu postérieur, presque aussi élevé que le som-

met dorsal qui est tout à fait postérieur ; facette anale verticale, presque aussi haute que le sommet dorsal ; la face supérieure présente un plan incliné du bord antérieur au centre ambulacraire; de ce centre à la facette anale règne une carène médiane à peu près horizontale. Les sillons qui logent les ambulacres sont profonds (!) ; les deux ambulacres pairs antérieurs s'étendent sur les deux tiers de la face sup., et les deux postérieurs sur la moitié ; au delà ils s'effacent complétement, et l'aire interambulacraire devient à fleur de test. Les zones interporifères sont très-peu pétaloïdes ; les ambulacres le sont d'une manière distincte ; les pores sont conjugués; la bouche est labiée par la saillie de la côte sternale ; les tubercules nombreux , épars, forment pourtant une rangée régulière dans chaque zone porifère de l'ambulacre impair , et deux courtes rangées qui limitent chacun des tronçons ambulacraires qui constituent la rosette péristomale , disposition qui s'observe du reste dans d'autres espèces de la famille des Spatangydées, mais seulement dans les exemplaires bien conservés; cette espèce est très-voisine du *Micraster cor-anguinum* si fréquent dans la craie supérieure ; elle en diffère par ses sillons ambulacraires plus profonds, par la plus grande longueur des deux ambulacres postérieurs qui forment aussi entre eux un angle plus aigu. Dans le *Micraster cor-anguinum*, la facette anale est moins haute et plus étroite, et le centre ambulacraire est un peu antérieur, tandis qu'il est médian ou postérieur dans notre espèce. — La Fauge près le Villard-de-Lans ; Saint-Aignan en Vercors (Drôme). — Craie chloritée.

2. *M. cor-anguinum* (Ag. et Desor., Cat. rais. éch., l. c., non Ag.,éch.foss. Suiss.),*Spatangus cor-anguinum* (Lam., Brong., Gold.), *Spatangus cor-testudinarium* (Gold.), *Spatangus cor-marinum* (Park., org. rem. 3, pl. 3, fig. 2). — Diamètre antéropostérieur 25 à 50 mm., diamètre transverse 1 environ , hauteur du sommet dorsal 2/3 à 3/5; ambitus bien plus large en avant qu'en arrière ; diamètre transverse tout à fait antérieur; centre ambulacraire un peu antérieur en général , presque identique avec le sommet dorsal qui est quelquefois un peu postérieur ; facette anale verticale , moins élevée que le sommet dorsal ; sillons ambulacraires médiocrement profonds ; zones porifères étroites, à pores conjugués ; bouche fortement

labiée par la saillie de la côte sternale. —Craie supérieure. —
Cette espèce, que nous avons reçue de plusieurs localités de la
Drôme, n'a pas encore été rencontrée dans notre département. Sa fréquence dans les terrains crétacés de la France
nous a engagé à la décrire.

IV° GENRE. — *Toxaster* (Ag., Cat. syst. ectyp. mus. Néoc.),
Holaster (Ag., éch. foss. de la Suisse), *Spatangus* (auct.). —
Test mince en général ; ambulacres pairs non pétaloïdes ou
un peu étranglés aux points où les zones porifères se ferment ; zones interporifères non pétaloïdes (!); les branches
des ambulacres pairs présentent deux courbures et ressem-
blent au signe §. Sauf parfois dans la zone porifère antérieure
de chaque ambulacre pair, les pores sont en général conjugués ou du moins allongés (!); ceux des rangées externes sont
ordinairement plus allongés que les internes ; aires interambulacraires très-souvent saillantes, renflées, ce qui fait alors
que les ambulacres pairs paraissent enfoncés dans un sillon
très-évasé ; ambulacre impair toujours logé dans un profond
sillon, échancrant notablement l'ambitus ; bouche petite,
ovale, non labiée.

1. *Toxaster cuneiformis* (nobis), pl. 3, fig. 19-20. — Diamètre antéro-post. 20 à 45 mm., diamèt. transverse 4/5,
hauteur du sommet dorsal 7/9 (!); espèce allongée, face supérieure bombée, arrondie. Le diamètre transverse et le centre
ambulacraire sont antérieurs; sommet dorsal souvent distinct
du centre ambulacraire à peu près médian ; sillon antérieur
d'une profondeur assez uniforme, s'étendant jusque vers le
centre ambulacraire ; facette anale très-inclinée en arrière en
forme de coin (!), ce qui donne à cette espèce un peu de ressemblance avec le *Dysaster anasteroïdes*. Les ambulacres pairs
ont la double courbure bien accusée, les pairs antérieurs ont
la zone porifère postérieure deux fois plus large environ que
l'antérieure, et égale à peu près en largeur à la zone interporifère adjacente ; les aires interambulacraires, surtout la
postérieure, sont saillantes. La bouche est plus éloignée du
bord antérieur que dans les autres espèces. — Se trouve dans
les marnes du lieu dit l'*Hermitage de Néron*, près Grenoble, et
au moulin de M. de La Chance, près Saint-Robert. — T. néocomien inf. — Rare.

2. *T. complanatus* (Ag. et Desor), *Holaster compl.* (Ag., éch. foss. Suiss., pl. 1, fig. 10-12), *Spatangus complanatus* (Blainville), *Spatangus retusus* (auct.) — Diamètre antéro-postérieur 20 à 42 mm., en moyenne 35 mm., largeur 1 environ : hauteur 4/5 ou un peu moins. Sommet dorsal et centre ambulacraire identique, saillant, ce qui tend à donner à la face supérieure une apparence un peu conique ; sommet dorsal médian ou un peu postérieur. Antérieurement, la face sup. présente, à partir du sommet, un aplatissement plus ou moins prononcé qui est un des caractères distinctifs de l'espèce (1); aires intérambulacraires plus ou moins saillantes. Le sillon dorsal présente, dans toute sa longueur, une profondeur assez uniforme ; il échancre fortement l'ambitus et remonte jusque près du centre ambulacraire. La facette anale, plus large que haute, est ordinairement un peu inclinée en arrière, assez pour qu'on puisse apercevoir l'anus en regardant d'en haut. Dans les ambulacres pairs antérieurs, la zone porifère postérieure est toujours moins large que la zone interporifère, et les deux pores de chaque paire sont allongés ou conjugués ; quant à la zone antérieure, elle est toujours moins large que la postérieure, sans que la différence pourtant soit considérable. La distance verticale d'une paire de pores à l'autre n'est guères plus grande dans l'ambulacre impair que dans les ambulacres pairs; anus ovale, longitudinal. Le trapèze génital est en général un peu plus long que large. Dans les exemplaires bien conservés, on observe de gros tubercules scrobiculés mêlés à des tubercules plus petits sur la face sup. en avant et près du sommet, et surtout sur la côte sternale de la face inf. Cette espèce, la plus commune de tous nos oursins, caractérise l'étage inférieur du terrain néocomien ; elle est surtout abondante dans une couche marneuse grise, située immédiatement au-dessous du calcaire blanc à *Chama Ammonia*. On la rencontre à Saint-Paul-de-Varces ; à la cascade d'Allières ; à Claix ; à Saint-Nizier, au-dessous du rocher des Trois-Pucelles ; à Sassenage, en allant aux cuves ; à Veurey ; dans les carrières du Fontanil où elle est rare ; à Saint-Robert, près du moulin de M. de La Chance ; à Saint-Egrève, sur le revers du mont Néron ; dans les marnes de l'hermitage du mont Néron ; à Saint-Pierre-de—

Chérène ; sur le chemin de Saint - Laurent - du - Pont à la Chartreuse, au-dessous de la porte de l'OEillet, etc. , etc.

3. *T. Gibbus* (Ag. et Desor, Cat. rais. des éch., l. c.).— Cette espèce est très-voisine de la précédente ; elle en diffère en ce que la face sup., au lieu de présenter l'aplatissement antérieur caractéristique du *T. complanatus*, est au contraire renflée et arrondie ; les tubercules sont aussi plus gros ; les ambulacres pairs antérieurs sont un peu plus élargis ; leur zone porifère postérieure est aussi large que la zone interporifère. — Marnes de l'hermitage de Néron près Grenoble et à la Grande-Chartreuse. — T. néocomien inf. — Assez rare.

4. *T. oblongus* (Ag.), *T. Verany?* (E. Sism.), *Spatangus oblongus* (Brong., Annal. des mines pour 1821, pl. 7 , fig. 9). — Diamètre antéro-postérieur 24 à 48 mm., en moyenne 35 mm., largeur 11/12 ; hauteur 7/12 à 7/13. — Espèce allongée ; centre ambulacraire identique avec le sommet dorsal, tout à fait postérieur (situé au tiers ou aux deux cinquièmes postérieurs de la longueur) ; sillon dorsal un peu évasé à sa partie moyenne, échancrant profondément l'ambitus et remontant jusque près du centre ambulacraire ; facette anale verticale, médiocrement élevée ; ambulacres sensiblement pétaloïdes. Les zones porifères de l'ambulacre impair et les zones porifères postérieures des ambulacres pairs sont larges et très-pétaloïdes ; ces dernières zones, dans les ambulacres pairs antérieurs, sont au moins deux fois plus larges que les zones antérieures et égales à peu près en largeur à la zone interporifère adjacente. Les ambulacres pairs postérieurs, bien plus courts que les antérieurs, sont en même temps très-divergents ; leur axe, en se réunissant au centre ambulacraire, forme un angle obtus de près de 120 degrés. Dans l'ambulacre impair, les pores formant les rangées externes, et dans les ambulacres pairs les pores formant la rangée postérieure des zones porifères postérieures, sont très-allongés ; les autres pores sont simples ou peu allongés. La distance verticale d'une paire de pores à l'autre est à peu près la même dans l'ambulacre impair que dans les autres ambulacres ; bouche presque ronde, assez antérieure (son centre correspond à peu près au cinquième antérieur de la longueur) ; anus transverse, quelquefois rond ; trapèze génital plus long que large. —

Se trouve au hameau du Fâ près Rancurel; à la Dent-de-Moirans; aux Buissières près Voreppe; à Sassenage; à la carrière de Roche-Pleine, près Saint-Robert; sur le chemin de Saint-Laurent-du-Pont à la Grande-Chartreuse, à un quart d'heure au-dessus de la porte de l'OEillet dans une couche marneuse, etc. — T. néocomien sup. — Non rare. — Cette espèce a été indiquée par erreur dans le dernier mé- moire de MM. Agassiz et Desor, comme appartenant au Gault; Brongniart dit positivement, dans le *Journal des Mines*, qu'elle se trouve dans une couche inférieure à cet étage, et depuis longtemps M. Scipion Gras a observé qu'elle caractérisait la partie sup. du néocomien. Le *T. Verany* de M. E. Sismonda ne paraît être qu'une variété du *T. oblongus*.

5. *T. Bertheloti* (1) (nobis), pl. 4, fig. 3-4. — Diamètre antéro-postérieur 25 à 40 mm.; diamètre transverse 1; hau- teur 4/7; cette espèce est intermédiaire entre le *T. compla- natus* et le *T. oblongus*; elle a tout à fait la forme du pre- mier et les ambulacres du second; le centre ambulacraire identique avec le sommet génital, est sensiblement posté- rieur; la face sup. est aplatie antérieurement; le sillon dor- sal est un peu moins profond que dans le *T. complanatus;* les ambulacres ont beaucoup de ressemblance, comme nous l'a- vons dit, avec ceux du *T. oblongus*; ainsi les zones porifères postérieures des ambulacres pairs sont très-larges et très-péta- loïdes; seulement la zone interporifère de l'ambulacre im- pair est plus large que l'une des zones porifères adjacentes; les ambulacres pairs antérieurs présentent une grande cour- bure à convexité postérieure, la seconde courbure extérieure formant l'S est ordinairement peu accusée. Le plus souvent le trapèze génital n'est pas plus long que large.—Les Ravix, près le Villard-de-Lans; le Fâ, près Rancurel. — Gault.— Assez rare.

6. *T. micrasterformis* (nobis), pl. 4, fig. 5-6, *T. Colegnii?* (E. Sismonda). — Diamètre antéro-postérieur 25 à 35 mm., diamètre transverse 1, hauteur 2/3; ambitus un peu hexa-

_____

(1) Dédié à notre ami M. le professeur Berthelot, qui s'occupe avec succès de l'étude géologique des Alpes Dauphinoises.

goïal ; face supérieure sans aplatissement antérieur ; sillon
dorsal de profondeur assez uniforme ; facette anale peu ou
pas inclinée, assez élevée, plus haute que large, plus étroite
que dans le *T. complanatus*; centre ambulacraire identique
avec le sommet dorsal, médian. Ce centre paraît déprimé à
cause de la saillie constante des aires interambulacraires, ce
qui fait aussi que les ambulacres pairs paraissent enfoncés
dans des sillons comme dans le genre *Micraster* ; les ambulacres ont du reste la même forme que ceux du *T. complanatus*;
cependant la zone porifère postérieure de chaque ambulacre
pair antérieur est souvent presque aussi large que la zone
interporifère adjacente ; dans l'ambulacre impair la distance
verticale d'une paire de pores à l'autre est presque double de
cette même distance prise dans les ambulacres pairs à une
hauteur correspondante ; ou, ce qui revient au même, pour
une même longueur d'ambulacre on compte presque deux
fois plus de paires de pores dans les ambulacres pairs que dans
l'impair. Notre espèce ressemble au *T. Colegnii* de M. Sismonda, mais elle a la facette anale bien moins large et les
ambulacres pairs antérieurs plus divergents. — Les Ravix,
le chemin de Rancurel au Fà. — Gault.

Vᵉ GENRE. — *Holaster* (Ag.), *Spatangus* (auct).—Test ordinairement mince; face supérieure lisse, sans autre ondula-
tion que celle du sillon dorsal ; ambulacres non pétaloïdes,
peu courbés en forme de §, disjoints, les trois antérieurs
étant un peu éloignés de deux postérieurs, quoiqu'ils convergent tous à peu près vers un seul point du centre ambulacraire;
les ambulacres pairs sont à fleur du test, et les pores ambulacraires non conjugués par des sillons transverses (!); appareil
génital allongé dans le sens antéro-postérieur, par suite de
la position des plaques ocellaires antérieures qui, au lieu de
s'intercaler à l'extérieur dans les angles que forment par
leurs jonctions les quatre plaques génitales, se placent entre
ces dernières sur une même ligne (Voyez pl. 2, fig. 21, où se
trouve figuré l'appareil génital de l'*Holaster lœvis*; les quatre
plaques génitales y présentent seules un pore central; les pores
ocellaires ne paraissent pas). Quatre pores génitaux formant
un trapèze plus long que large ; cinq pores ocellaires peu ou
point apparents.— Les espèces sont du terrain crétacé.

1. *Holaster l'Hardyi*, variété (Dubois), (Ag., éch. foss. Suiss., pl. 2, fig. 4-6). — Diamètre antéro-post. 20 à 40 mm., hauteur 5/7 à 2/5; test mince; face sup. convexe, arrondie, plus élevée pourtant en arrière qu'en avant, sans carène postérieure; centre ambulacraire légèrement antérieur. Le sommet dorsal est ordinairement un peu plus en arrière; le sillon dorsal, assez profond dans divers exemplaires du Jura qui nous ont été communiqués, est peu marqué dans nos exemplaires du Fontanil, il s'efface bientôt avant d'arriver au centre ambulacraire; facette anale verticale, élevée; ambulacres plus disjoints que dans la plupart des autres espèces; bouche arrondie; anus ovale; côte sternale fort carénée en arrière, ce qui tend à relever la facette anale; trapèze génital très-allongé. Assez commun dans les marnes du Fontanil, mais ayant les ambulacres le plus souvent effacés. — T. néocomien inf. — Cette variété diffère de l'espèce ordinaire par le peu de profondeur de son sillon dorsal, et en ce que les ambulacres sont plus disjoints. Un exemplaire de M. Repellin, provenant de Montluel (Drôme), paraît appartenir à l'espèce des auteurs.

2. *H. bisulcatus* (nobis), pl. 4, fig. 7-8. — Diamètre antéro-postérieur 20 à 45 mm., largeur 1 environ, hauteur 3/5 à peu près. Le sillon dorsal antérieur échancre très-profondément l'ambitus (!), quoique très-court et se terminant en pointe environ vers le tiers de la face sup. Une carène saillante aiguë s'étend du centre ambulacraire à la facette anale (!). La côte sternale est également très-carénée; enfin, postérieurement au-dessous de l'anus, on observe une espèce de sillon vertical très-évasé ! Le centre ambulacraire est très-antérieur. — Les Ravix près le Villard-de-Lans; chemin de Rancurel au Fâ. — Gault.

3. *H. Perezii* (E. Sismonda, éch. foss. de Nizza, pl. 1, fig. 1-2-3). — Diamètre antéro-post. 25 à 40 mm., largeur un peu moins de 1, hauteur guères plus de 3/7. Cette espèce est facile à reconnaître à son extrême aplatissement; c'est le plus déprimé de tous les *Holaster*. Son extrémité postérieure est arrondie et la facette anale est très-déprimée et presque nulle. Les ambulacres pairs antérieurs ne présentent presque qu'une seule grande courbure à convexité postérieure. Les

zones interporifères sont plus larges que les zones porifères. — Les Ravix près le Villard-de-Lans. — Gault.

4. *H. subcylindricus* (nobis), pl. 4, fig. 9-10. — Diamètre antéro-post. 20 à 35 mm., largeur un peu moins de 1, hauteur 2/3 environ; face sup. convexe, plus élevée en arrière qu'en avant; sillon dorsal d'une profondeur médiocre, assez uniforme, s'étendant jusqu'au centre ambulacraire (!); facette anale assez élevée, presque verticale; centre ambulacraire *antérieur*, distinct du sommet dorsal qui est au contraire postérieur; ambulacres médiocrement disjoints, les pairs antérieurs assez divergents; zones interporifères plus larges que l'une des zones porifères adjacentes; côte sternale saillante; anus ovale, longitudinal. — Les Ravix près le Villard-de-Lans. — Gault. — Rare.

5. *H. lœvis* (Ag., éch. foss. Suiss., pl. 3, fig. 1-3), *Spatangus lœvis* (auct.). — Diamètre antéro-postérieur 25 à 50 mm., largeur un peu moindre, hauteur 4/7 environ; face supérieure lisse, à convexité presque régulière et hémisphérique; le sillon dorsal s'élève peu au-dessus de l'ambitus qu'il échancre pourtant d'une façon notable; centre ambulacraire ord. un peu antérieur, à peu près identique avec le sommet dorsal; facette anale verticale, étroite, très-basse, n'ayant pas la moitié de la hauteur centrale; face inférieure très-plate (!); côte sternale très-peu saillante. Les ambulacres pairs sont un peu courbés en forme de §, surtout au sommet. La distance verticale d'une paire de pores à l'autre est deux fois plus grande environ dans l'ambulacre impair que dans un ambulacre pair. Les zones interporifères sont plus larges que l'une des zones porifères adjacentes; anus ovale, longitudinal; trapèze génital bien plus long que large. — La Fauge près le Villard-de-Lans. — Assez commun, mais presque toujours déformé, ce qui a pu donner lieu à des erreurs; ainsi nous pensons que l'*H. nasutus* et *H. marginalis*, indiqués à la Fauge par MM. Agassiz et Desor, ne sont que des *H. lœvis* déformés. — Craie chloritée.

6. *H. subglobosus*, var. (Ag. et Des., Cat. rais. éch., l. c.), *H. altus* (Ag., éch. foss. Suiss., pl. 3, fig. 9-10). — Nous rapportons à cette espèce un exemplaire en assez mauvais état, que M. Scipion Gras a trouvé à Saint-Aignan en Vercors

(Drôme), au lieu dit *la Bretière*, dans des couches de craie
chloritée qui renfermait en abondance le *Discoidea cylindrica*
(Ag.). — Voici la description de cet exemplaire : diamètre
antéro-postérieur 32 mm. , diamètre transverse situé au tiers
antérieur du test 27 mm., hauteur 23 mm.; test de forme
ovoïde plus large en avant qu'en arrière ; face sup., convexe,
arrondie ; bord antérieur tronqué et arrondi ; il présentait
probablement , vers l'ambitus, un sillon évasé qui ne paraît
pas dans notre exemplaire détérioré en cet endroit. Bord
postérieur bien plus étroit que l'antérieur, arrondi, peu tronqué , et présentant au haut de la troncature qui est verticale,
l'anus ovale et assez grand ; pas de sillon sous-anal ; face inférieure à peu près aussi convexe que la supérieure (!), présentant la bouche à son tiers antérieur environ ; centre ambulacraire tout à fait antérieur ; les trois ambulacres antérieurs
sont écartés de trois millimètres des deux postérieurs ; les
deux aires criblées contiguës (Voyez les notions préliminaires,
page 12), portant chaque ambulacre, sont formées de plaques
très-larges; chacune de ces plaques présente une paire de pores
à sa partie moyenne (!) , tandis qu'ordinairement les pores
traversent les plaques près de leurs extrémités extérieures.

** *Pas de sillon dorsal ni de facette anale ; anus infra-marginal.*

FAMILLE VI. — ANANCHYDÉES (familles des Spatangoïdes,
Ag. et Desor, Cat. rais. des éch., l. c.).

Caractères. — Test épais de forme très-élevée , bombée ou
conique, rarement cunéiforme ; ambitus ovale ; pas de sillon
dorsal (!); pas de facette anale (!); surface inf. aplatie, avec une
côte sternale comme dans les Spatangydées ; centre ambulacraire identique avec le sommet dorsal ; ambulacres simples
plus ou moins effacés ou interrompus avant d'arriver à l'ambitus, disjoints à leur sommet, mais convergeant toujours vers
un seul centre ambulacraire (!); zones porifères toujours fermées avant d'arriver au pourtour ; pores simples ; bouche
labiée transverse, plus rapprochée du bord antérieur que du
centre (!), dépourvue d'un appareil masticatoire ; anus ovale,
longitudinal, toujours infra-marginal (!) ; tubercules épars ;
pas de fascioles ; appareil génital allongé et disposé comme

dans le genre *Holaster*. Les trous ocellaires sont parfois bien apparents. Cette famille ne renferme qu'un seul genre dont toutes les espèces sont crétacées.

1er GENRE. — *Ananchytes* (Lam.), voyez les caractères de la famille.

1. *Ananchytes conica* (Ag. et Desor, Cat. rais. éch., l. c.), *A. ovata* (Ag., éch. foss. de la Suisse, pl. 4, fig. 4-6, non Lam.). —Diamètre antéro-post. 35 à 55 mm., largeur 5/6, hauteur 6/7 à 5/6 ; test de forme conique, n'offrant pas un léger aplatissement vers le centre ambulacraire et un peu en avant ; sommet pointu ; une carène postérieure aiguë ; face inférieure assez étroite, aplatie. L'ambitus ne présente pas un rebord tranchant. Un exemplaire de cette espèce nous a été envoyé de Saint-Jean-en-Royans (Drôme) avec d'autres fossiles de la craie alpine, mais sans indication précise de localité. Saint-Jean-en-Royans étant près de la frontière de l'Isère, il serait très-possible qu'on rencontrât un jour ce fossile dans notre département.

§ II. *Deux centres ambulacraires dont l'un postérieur.*

FAMILLE VII. — DYSASTÉRIDÉES (groupe des *Dysaster* de M. Desor, Monog. des éch., 3e livr). (Famille des Spatangoïdes, Ag. et Desor, Cat. rais. des éch., l. c.).

Caractères. — Test mince de forme très-variable, déprimée, ovoïde, discoïde, allongée ; dans quelques espèces on observe un sillon antérieur logeant l'ambulacre impair ; surface inférieure aplatie, plus ou moins ondulée par des dépressions logeant les ambulacres avec un renflement longitudinal médian *(côte sternale)* ; ambulacres disjoints et, de plus, convergeant vers deux sommets ambulacraires ord. très-éloignés, situés l'un en avant, l'autre en arrière au-dessus de l'anus (!) ; plaques ambulacraires grandes et allongées ; ambulacres simples plus ou moins effacés ou interrompus vers l'ambitus ; zones porifères fermées ; pores simples souvent un peu ovales et obliques ; bouche sans appareil masticatoire, antérieure ou subcentrale, pentagonale, mais paraissant ordinairement ronde ; anus postérieur, ovale, longitudinal ou arrondi, situé

5

parfois au-dessus d'un sillon évasé ou d'une dépression ; tubercules épars assez apparents au milieu de fines granulations milliaires ; pas de fascioles ; quatre pores génitaux dessinant un trapèze. — Les espèces de cette famille sont jurassiques ou crétacées.

Ier GENRE. — *Dysaster* (Ag.), *Collyrites* (Ch. Desm.), *Ananchytes*, *Nucleolites* et *Spatangus* (auct.).— Test de forme elliptique ou subdiscoïdale plus ou moins déprimée. Le centre ambulacraire antérieur est central ou plus rapproché du centre que du bord antérieur.

1. *Dysaster ovulum* (Ag. et Desor , Monog. éch., 3e livr. (*Dysaster*) , pl. 3, fig. 5-8). — Diamètre antéro-post. 12 à 35 mm., largeur 9/10 environ, hauteur assez variable ord. 7/10 ; test cordiforme ; ambitus ayant la forme d'un cœur de carte à jouer ; face sup. convexe ; face inf. pulvinée ; un sillon antérieur échancrant l'ambitus, mais s'élevant peu ; bord postérieur terminé en pointe ; à cette extrémité et inférieurement on aperçoit l'anus arrondi , visible seulement d'en bas. Il est extrêmement rare de trouver les ambulacres dans cette espèce ; on peut, en se servant de l'acide chlorhydrique, apercevoir quelquefois les traces des assules ; on voit alors que les plaques ambulacraires sont grandes , et que par conséquent les pores sont écartés ; les ambulacres sont larges et les deux centres ambulacraires moins écartés que dans les autres espèces. D'après M. Desor, l'espace intermédiaire entre ces deux centres égalerait à peine le quart de la longueur du test. — Assez commun au Fontanil, mais toujours sans ambulacres. On y trouve aussi une variété ou espèce plus allongée et une autre plus courte et dilatée latéralement.— T. néocomien inférieur.

2. *D. hemisphæricus* (nobis), pl. 5 , fig. 1-3. — Diamètre antéro-post. 36 mm., largeur presque égale, hauteur 5/9 ; test de forme hémisphérique un peu allongée et un peu plus étroite en arrière qu'en avant ; face sup. hémisphérique ; sommet dorsal identique avec le centre ambulacraire, à peine antérieur , à peu près médian ; pas de sillon dorsal ; face inf. concave, surtout en avant autour de la bouche ; côte sternale saillante en arrière, et se terminant par l'anus qui est infra-

marginal ; bouche située en avant aux deux septièmes de la longueur ; ambitus pulviné. Les ambulacres ne paraissent pas dans l'exemplaire que nous possédons , quoique le test soit assez épais et que l'on y distingue toutes les plaques ; mais. d'après l'inspection de ces plaques, il est facile de déterminer leurs caractères : ils offrent une disposition semblable à celles du *D. ovulum ;* ainsi les deux centres ambulacraires sont peu écartés ; les plaques ambulacraires sont hautes et larges , c'est à peine si, de temps en temps , une plaque interambulacraire correspond à plus d'une plaque ambulacraire. L'unique exemplaire que nous possédons nous a été rapporté d'une montagne située un peu au-delà du village de Montaud ; il provient probablement du terrain néocomien.

3. *D. analis* (Ag. , éch. foss. Suiss. , pl. 1, fig. 12-14). — Diamètre antéro-post. 30 à 40 mm. , largeur 10/11 , hauteur 1/2 environ ; test de forme ovale plus large en avant qu'en arrière, déprimée ; face sup. convexe, aplatie ; un sillon sous-anal à peine sensible. Le sillon dorsal antérieur est un peu plus accusé ; le centre ambulacraire antérieur, identique avec le sommet dorsal, correspond au tiers antérieur du diamètre antéro-postérieur ; face inférieure presque plane, sauf la légère saillie de la côte sternale. La bouche y est située au tiers antérieur ; l'anus occupe le haut du bord post. ; il est immédiatement recouvert par les ambulacres postérieurs, en sorte que les deux centres ambulacraires sont très-écartés. Cette espèce, qui se rencontre abondamment dans l'oolite inf. du dépt. de l'Ain, se trouvera certainement dans le nord de notre département, où ces mêmes couches se prolongent.

4. *D. anasteroides,* pl. 4, fig. 11-12 (Leym., Ag. et Desor , Cat. rais. des éch. , l. c.) — Diamètre antéro-post. 20 à 35 mm. , largeur 4/5 à 2/3 , hauteur variable, à peu près 3/5 ; test de forme allongée plus large en avant qu'en arrière, où le bord postérieur est tronqué carrément et s'amincit en forme de coin ; face supérieure bombée, convexe ; centre ambulacraire antérieur identique avec le sommet dorsal, à peu près médian, mais plutôt postérieur qu'antérieur. Un sillon court, superficiel, longitudinal, d'une profondeur assez uniforme, logeant l'ambulacre impair , s'observe sur le sommet de la face supérieure à partir du centre ambulacraire ; il s'efface complète-

ment bien avant d'arriver au bord antérieur (1); face inférieure
aplatie; bouche située au tiers antérieur de la longueur; anus
situé à la partie supérieure du bord postérieur. Les ambulacres, rarement conservés, sont formés de paires de pores obliques, écartés; chaque ambulacre pair antérieur forme un angle presque droit avec l'ambulacre impair; les ambulacres
pairs postérieurs n'existent sur aucun des nombreux exemplaires que nous avons examinés. Cette espèce se rapproche
pour la forme du *Dysaster granulosus* (Ag.), mais elle est plus
renflée; elle est peut-être identique avec la variété du *Nucleolites (Dysaster) granulosus* (Gold.), représentée pl. 43, fig. 40,
in *Gold. petrefact.* — Fontanil; marnes près Veurey et l'hermitage de Néron; le Replat au-dessus de l'Echaillon. C'est une
des espèces qui caractérisent le terrain néocomien inf.

5. *D. capistratus* (Ag., éch. foss. Suiss., pl. 1, fig. 1-3),
(*Spatangus capistratus*, Gold.) — Diamètre antéro-postérieur
25 à 35 mm., hauteur un peu plus de 1/2. Cette espèce a la
forme générale du *D. ovulum*; l'ambitus ressemble à un cœur
de carte à jouer, il est échancré par un sillon dorsal antérieur; la face supérieure est convexe, non carénée; l'anus, situé à l'extrémité postérieure, n'est visible que d'en haut. Les
deux centres ambulacraires sont moins écartés que dans la
plupart des autres espèces; cet espace n'est guère plus du
quart de la longueur totale. Ce Dysaster a été trouvé par
M. Repellin jeune à Passins près Morestel, dans l'oolite
moyenne.

6. *D. ? globulus* (nobis), pl. 3, fig. 21-22. — Diamètre
antéro-postérieur 12 à 15 mm., hauteur 3/4. On trouve dans
un calcaire jaunâtre à cassure pseudo-oolitique, appartenant
au T. néocomien sup. et situé presque immédiatement au-
dessus des marnes de l'hermitage du mont Néron, un petit oursin globuleux où les ambulacres manquent constamment. Pourtant sur plusieurs exemplaires les diverses plaquettes sont assez apparentes avec leurs joints; les grandes
dimensions des assules ambulacraires et l'oblitération des pores, fréquente en effet dans les *Dysaster*, nous ont fait rapporter avec quelque doute cette espèce à ce dernier genre.
Elle offrirait alors comme caractère remarquable la particularité que les deux centres ambulacraires seraient très-peu

écartés, pas plus que dans le genre *Holaster* ; le test paraît épais ; la face supérieure est convexe ; le bord antérieur est arrondi avec une légère carène très-obtuse sans sillon dorsal ; le bord postérieur présente une facette anale verticale au haut de laquelle se trouve l'anus. La face inférieure, quoique plus aplatie que la face supérieure, est légèrement convexe. La bouche est subcentrique en avant ; elle paraît ronde. — Rare.

II° GENRE. — *Metaporhinus* (Michelin), (*Dysaster* Ag. et Desor). — Test de forme moins déprimée que dans le genre précédent ; face supérieure carénée en dos d'âne ; centre ambulacraire antérieur plus rapproché du bord antérieur que du centre.

Metaporhinus Gueymardi (1) (nobis), pl. 5, fig. 4-6. — Diamètre antéro-postérieur 35 à 50 mm., largeur 8/9 environ, hauteur 6/9 à 7/9 ; test mince ; ambitus ovale, tronqué en arrière et en avant, échancré en même temps en cœur par le sillon antérieur et postérieur ; face supérieure carénée longitudinalement et ayant la forme d'un toit à deux pentes, plus élevée en avant qu'en arrière ; bord antérieur tronqué verticalement, et présentant une surface triangulaire sur laquelle est creusé un sillon qui loge l'ambulacre impair ; bord postérieur également tronqué, et présentant une surface triangulaire ; l'anus occupe la partie supérieure de cette facette ; il est un peu recouvert par la saillie de la carène supérieure, de manière à n'être pas visible d'en haut. Au-dessous de l'anus se trouve un sillon vertical, qui se prolonge même sous la face inférieure. Le sommet dorsal identique avec le centre ambulacraire est tout à fait antérieur ; il forme presque le sommet de la troncature antérieure. La face inférieure est aplatie, sauf la saillie de la côte sternale qui paraît se bifurquer en arrière, par suite du prolongement endessous du sillon sous-anal. Les ambulacres pairs antérieurs se réunissent en avant près de la troncature. Les postérieurs

(1) Dédié à M. Gueymard, ingénieur en chef directeur des mines à Grenoble, dont les travaux scientifiques sont connus de tout le monde.

se réunissent en arrière, aux deux tiers du diamètre antéro-
postérieur. Ces quatre ambulacres pairs présentent sur la face
supérieure une courbure générale, dont la concavité regarde
en avant. Les pores d'une même paire, quoique non conjugués, sont un peu allongés et obliques, de manière à donner à chaque paire la forme d'un accent circonflexe. La
bouche, qui paraît arrondie, est très-rapprochée du bord antérieur. Cette espèce n'est pas très-rare au Fontanil ; mais
presque tous les exemplaires y sont déformés, ce qui doit
tenir au peu d'épaisseur du test et à sa forme anguleuse. —
T. néocomien inf.

ANALYSE

DES FAMILLES ET DES GENRES D'OURSINS QUE L'ON RENCONTRE
DANS LE DÉPARTEMENT DE L'ISÈRE.

CHAPITRE III.

NOTICE GÉOLOGIQUE

SUR LES TERRAINS DU DÉPARTEMENT DE L'ISÈRE OU L'ON REN-
CONTRE LES OURSINS FOSSILES DÉCRITS DANS LE CHAPITRE
PRÉCÉDENT.

Les oursins fossiles que nous venons d'étudier se rencontrent presque exclusivement dans la formation crétacée du

département. La molasse (T. tertiaire moyen) de notre pays en renferme aussi quelques espèces. Le terrain jurassique, qui acquiert un si grand développement dans l'arrondissement de Grenoble, sauf la localité encore un peu problématique de l'Echaillon, ne nous a fourni aucun fossile de cette classe (1), quoique dans le Jura, par exemple, ce même terrain en contienne un grand nombre d'espèces. La formation oolitique du nord-est du département, qui n'est que le prolongement de la chaîne du Jura, doit en renfermer un certain nombre ; mais nous n'avons pas pu explorer par nous-même ce terrain, nous n'en connaissons que quelques espèces trouvées par MM. Berthelot et Repellin frères à Passins près Morestel, dans l'oolite moyenne, savoir : le *Holectypus depressus*, le *Dysaster capistratus*, le *Cidaris coronata* et le *C. Blumenbachii*. Cependant nous avons admis, comme se trouvant dans le département, quelques espèces qui nous avaient été rapportées du département de l'Ain et de la Drôme, de localités jurassiques et crétacées, rapprochées de notre frontière.

Nous aurons donc à nous occuper, dans cette notice, plus spécialement, de la formation crétacée. Mais avant d'aborder cette étude, nous croyons devoir donner une idée rapide des différentes formations qui constituent le sol géologique de notre département, en commençant par les terrains les plus récents.

§ 1er. *Enumération des divers terrains du département de l'Isère.*

I. *Alluvions modernes.* — Ces alluvions, remontant aux temps historiques, constituent le sol de la plus grande partie de nos plaines de Graisivaudan, de Vizille, de l'Oisans, des anciens marais de Bourgoin, etc. Ce terrain, qui continue à s'accroître de nos jours, est formé de détritus amené par les cours d'eau. Il est tourbeux sur quelques points, dans

_____

(1) M. Gueymard, dans sa *Statistique minéralogique de l'Isère*, indique des pointes d'oursins dans le Lias inférieur (terrain anthracifère de M. Scipion Gras) ; mais il nous a été impossible de nous en procurer aucun exemplaire.

les environs de Bourgoin , à Crolles , et à Poisat près Grenoble , etc.

II. *Alluvions anciennes ou diluvium et blocs erratiques.* — Formation contemporaine du soulèvement des Alpes principales et de la période glacière. Ces alluvions forment des lambeaux, des amas plus ou moins étendus et stratifiés de cailloux roulés, de sable et d'argile , le long des rives du Drac , à Corps, la Mûre , la Motte-les-Bains , Jarrie , Echirolles , près du rocher de Courboire , à l'extrémité de la plaine de Vif , le long des coteaux qui bordent la plaine de Graisivaudan et celle de l'Isère au-dessous de Grenoble , à Barraux , Froges, Uriage-les-Bains , Eybens , etc., sur tout le cours inférieur de l'Isère, à partir de Vinay ; elles constituent le sol de la plaine de Bièvre , de Saint-Jean-de-Bournay , de Saint-Laurent-du-Pont , et se retrouvent dans une partie de la région nord-ouest du département , vers Lyon , où elles forment une vaste plaine , interrompus çà et là par des ilots appartenant au terrain tertiaire supérieur. Ce sont les mêmes alluvions que l'on rencontre dans la plaine caillouteuse de la Crau en Provence , et dans une foule de localités que les eaux actuelles ne sauraient atteindre. On doit y rapporter la plupart des dépôts argileux qui couvrent nos coteaux et même quelques points de la plaine ; telle est par exemple cette bande étroite de terre argileuse qui s'étend dans notre plaine de Graisivaudan , depuis la Tronche jusqu'à Barraux , sous le nom de terre de *Mayen.* Peut-être doit-on considérer encore, comme appartenant à cette période, les anciennes sources minérales qui ont produit la plupart des carrières de tuff calcaire ; les tuffs de fer hydraté de l'Oisans, exploités comme minerai à Ornon, à la Garde et au mont de Lans (1) ; les tuffs manganésiens indiqués par M. Gueymard , à Vaulnaveys et à la Grave. Ces divers dépôts , correspondant probablement à l'époque glacière , ne renferment pas de débris organiques dans notre arrondissement ; dans le nord du département on y a rencontré quelques ossements d'éléphants.

(1) Voyez un mémoire de M. Scipion gras, dans le bulletin de la Société de statistique de l'Isère, T. 2, page 123.

Les blocs erratiques, situés surtout le long des vallées, couvrent presque tout le département ; ils sont formés principalement de granits, de gneiss, de grauwackes, etc. Dans les vignes de la Tronche, à la hauteur de Rabot et près de l'ancien rempart, on trouve un bloc erratique de gneiss, remarquable par ses dimensions ; il doit peser plus de 800 quintaux métriques ; il ne peut provenir que des montagnes métamorphiques situées de l'autre côté de l'Isère, et a dû par conséquent traverser la plaine de Grenoble. Les gens du pays l'appellent pierre de *Bardonanche* ou de *Bordalanche*.

III. *Terrain tertiaire supérieur*. (Alluvions de la Bresse de M. Elie de Beaumont.)— Ce dépôt lacustre, postérieur au soulèvement des Alpes Occidentales, ne se rencontre qu'à l'extérieur des Alpes, à Voreppe, Saint-Laurent-du-Pont, et, ainsi que le *diluvium*, dans la plus grande partie de la région ouest du département, depuis le Rhône jusqu'à la Tour-du-Pin ; dans cette contrée il y forme des ilots, des promontoires plus ou moins étendus, comme si dans les espaces intermédiaires il avait été emporté ou recouvert par le *diluvium*. Ce terrain, composé de lits divers, de sables de marnes bleues, d'argile, de cailloux roulés, unis par un ciment calcaire, renferme sur plusieurs points des lignites que l'on exploite à Pommier près Voreppe, Lauzier près Vinay, Saint-Didier, Bizonnes, Biol, Sainte-Blandine, Cessieux, et dans les environs de la Tour-du-Pin, etc. D'après M. Scipion Gras, il présente deux étages ; l'étage supérieur constituerait le gîte exploité à Pommier. On rencontre sur divers points, dans les couches argileuses, à Pommier par exemple, des débris de coquilles fluviatiles et terrestres (hélices, lymnées, planorbe, cérites, potamides, etc.). M. Charvet a trouvé aussi à Pommier des dents de mastodonte.

IV. *Terrain tertiaire moyen* ou *molasse*.— Ce terrain, qui se présente ordinairement sous la forme d'un grès tendre à ciment calcaire, forme des couches très-puissantes sur divers points du département. Dans l'arrondissement de Grenoble, ces couches sont déposées dans des vallées étroites qu'elles ont comblées en partie. Elles présentent une assez grande étendue en longueur, quoique interrompues de temps en temps (Voy. pl. 6). Ainsi on rencontre la molasse dans la vallée

de Proveysieux , depuis le col des Charmettes jusqu'à Saint-
Egrève ; interrompue par la vallée de l'Isère, cette même
zone se retrouve sur le plateau de Saint-Nizier , reposant sur
le Gault jusque près de Lans ; elle reparaît ensuite dans la
vallée d'Autrans. De même le massif de molasse de Saint-
Laurent-du-Pont se retrouve à Raz , dans la vallée de Voreppe ; puis, interrompu par la vallée de l'Isère , il se montre
de nouveau dans le vallon de Montaud et au delà, et sur le
même prolongement , dans la vallée de Rancurel. C'est par
erreur que dans la carte géologique de France on indique
un autre lambeau dans la vallée de Saint-Aignan en Vercors (Drôme) ; M. Berthelot n'y a trouvé qu'un terrain analogue à celui de la Fauge , près le Villard-de-Lans (la craie
chloritée). La molasse se retrouve sur beaucoup d'autres
points du département , près des Échelles , au Pont-de-Beauvoisin, près des Avenières, Chimilins, au Bouchage, Morestel, et enfin le long des deux rives de l'Isère à partir de Vinay , à Saint-Marcellin, Saint-Antoine , Saint-Donat, Saint-
Just , etc. On y trouve un assez grand nombre de fossiles ,
mais en général mal conservés ; ainsi nous avons rencontré
à Proveysieux, Raz, Autrans, Rancurel , le *Pecten scabrellus*
(Brocchi) en très-grande abondance, et en moins grande quantité le *Pecten laticostatus* (Lam.), l'*Echinolampas scutiformis*
(Ag.), des polypiers , des piquants de cidaris indéterminés ; on
trouve des dents de squales à Quaix. M. Gueymard, dans sa
Statistique minéralogique de l'Isère , cite encore, comme se
trouvant dans la molasse, le *Balanites crassus, Patella conica,*
des huîtres , etc.

Le terrain tertiaire inférieur manque dans le département
de l'Isère , à moins qu'on ne veuille y rapporter des argiles
et des bancs de sables blancs ou rougeâtres, composés de silice
pure ou légèrement ferrugineuse que l'on rencontre dans diverses cavités, à la Malossane près Voreppe, à Saint-Pierre-
de-Chérène , à Saint-Nazaire dans le Royannais (Drôme),
et sur divers points du canton de Villard-de-Lans , notam-
ment au hameau de la Balmette au sud du Villard-de-Lans.
Toutefois M. Scipion Gras pense qu'ils appartiennent au grès
vert.

V. *Formation crétacée.*— Devant entrer dans des détails plus étendus sur cette formation, nous nous bornerons à énumérer ici les diverses assises, avec indication des localités principales et de leurs fossiles caractéristiques; nous ferons remarquer seulement qu'on n'a pas encore constaté dans le département l'existence de couches supérieures à la craie chloritée.

1º *Craie chloritée.* — *Localités principales.* — Le vallon de la Fauge, près le Villard-de-Lans et la vallée de Saint-Aignan en Vercors (Drôme). Fossiles caractéristiques : *Ammonites infla-tus*, *A. Mayorianus*, *A. Mantellii*, *Baculites baculoides*, *Turri-lites Bergeri*, *T. tuberculatus*, *T. Puzosianus* (d'Orb.) ; *Discoi-dea cylindrica*, *Micraster distinctus*, *Hemiaster Bufo*, *Holaster lævis* (Ag.). Cette formation paraît reposer immédiatement sur le terrain néocomien, et a du reste une très-petite étendue.

2º *Gault.* — *Localités principales.* — Le long de la chaîne qui s'étend du col des Charmettes, au-dessus de Proveysieux, jusqu'à la carrière de Roche-Pleine près de Saint-Égrève (1), les carrières de Fontaine, les balmes de Fontaine, Seyssinet, le plateau de Saint-Nizier, Engins, la petite chaîne entre Lans et Autrans, les Ravix près le Villard-de-Lans, Méo-dret, les environs du hameau du Fâ au-dessus de Rancurel, Saint-Pierre-de-Chérène au-dessus de Beauvoir, etc. Cette formation paraît postérieure aux deux premiers soulèvements du terrain crétacé et n'atteint jamais la hauteur des chaînes néocomiennes. Elle se compose de grès, de calcaires mêlés de grains chloritès en couches minces formant des lauzes; plus haut, de calcaires blancs ou rosés renfermant beaucoup de silex pyromaques blonds. Ces couches sont très-pauvres en fossiles et ne présentent guère que quelques astéries. Près du Villard-de-Lans et de Méaudre, on rencontre de plus un cal-caire blanchâtre, très-marneux, renfermant des huîtres énormes et quelques inocérames, et enfin des couches plus ou moins sableuses et chloritées, riches en fossiles (les Ravix, Méodret, le Fâ). Les espèces caractéristiques de ces trois der-nières localités sont surtout les suivantes : *Inoceramus con-*

---

(1) M. Lory indique aussi un lambeau du Gault au pied du revers de Néron, près le village de Saint-Égrève; nous n'avons pas pu le ren-contrer.

centricus (Sow.) ; *Ammonites Milletianus* , *A. nodosocostatus*, *A. mammillaris*, *A. latidorsatus* , *A Lyellii* , *A. splendens* (d'Orb.); *Galerites castanea*, *Discoides conica* , *D. subuculus* (Ag.); *Pyrina cylindrica* (nobis).

3° *Terrain néocomien.*— *A.*—T. néocomien supérieur. — La masse principale est formée par un calcaire très-blanc ou un peu jaunâtre , ayant parfois à sa base un banc bleuâtre qui renferme des rognons de silex noirs. Cette masse présente en outre à diverses hauteurs des couches marneuses grises fossilifères , et d'autres couches d'un calcaire jaune ou rougeâtre, ocreux , à cassure cristalline , pseudo-oolitique.

Localités principales.— Sassenage ; carrière de Roche-pleine près Saint–Robert ; porte de l'OEillet sur le chemin de Saint-Laurent-du-Pont à la Grande-Chartreuse ; casque du Mont Néron ; roc au-dessus de la cascade d'Allières ; haut de la Moucherolle et du mont Aiguille ; Dent de Moirans ; calcaire des Bussières au-dessus de Voreppe , etc.

Fossiles caractéristiques. — *Pterocera pelagi* (d'Orb.); *Pygaulus depressus* , *P. cylindricus* , *Toxaster oblongus* (Ag.) ; *Echinus rotundus* (nobis) ; *Orbitolites conica* (d'Archiac); *Requienia* (*Chama*) *Ammonia* , *R. Lonsdalii* (Math.) ; *Janira* (*Pecten*) *Deshayana* (d'Orb.); des monopleures.

B. — T. néocomien inférieur. — Calcaire plus ou moins marneux , blanc , bleu ou jaune , alternant avec des marnes grises ou en partie jaunes et bleues , et pouvant- renfermer aussi quelques couches d'un calcaire siliceux , passant au grès.

Localités principales. — Carrière du pont de Pic–Pierre ; marnes de l'Hermitage de Néron ; bas de Néron ; coteaux de Claix ; marnes de la cascade d'Allières ; marnes du moulin de M. de la Chance , près Saint-Robert ; carrières du Fontanil ; marnes entre Veurey et l'Échaillon, etc.

Fossiles caractéristiques. — *Exogyra sinuata et subsinuata* (Leym.); *Ostrea macroptera, Ammonites cryptoceras, A. Carteronii* , *A. Grasianus* , *Belemnites latus* , *B. pistilliformis* (d'Orb.) ; *Trigonia caudata*, *Pholadomya elongata* (Gold.); *Pterocera oceani* (d'Orb.); *Dysaster ovulum*, *D. anasteroïdes*, *Holaster l'Hardyi* (Ag.); *Diadema Repellini* (nobis), et le *Toxas-*

ter complanatus (Ag.) (*Spatangus retusus* des auteurs), sur-tout dans les couches marneuses de la partie supérieure de cette assise.

La plus grande partie du terrain crétacé de l'Isère est de formation néocomienne, et sous ce rapport notre département peut être considéré comme classique pour l'étude des roches et des fossiles qui constituent ce terrain.

VI. *Formation jurassique.*—Nous la distinguerons en terrain jurassique *extra-alpin*, se rencontrant dans le nord du département, et en T. jurassique *alpin*, qui a une si grande étendue dans l'arrondissement de Grenoble.

A. —Terrain jurassique *extra-alpin.*— 1° *Oolite supérieure.* — Elle est peu étendue dans le département, et ne s'observe guère que sur les bords du Rhône, près d'Arandon, etc. On peut l'étudier dans la carrière du bourg de Morestel. — Fossiles caractéristiques. — *Zamia Feneonis* (Ad. Brong.), et *Exogyra virgula* (Def.). 2° *Oolite moyenne.* — Calcaire de Quirieux, Faverges, Courtenay, Soleymieux, Trept, Passins, etc. Fossiles caractéristiques. — *Terebratula spinosa* (Sm.); *T. tetraedra, T. biplicata* (Sow.); *Ammonites biplex* (Sow.); *A. Bakeriæ* (d'Orb.); *Dysaster capistratus, Holectypus depressus*, *Cidaris Blumenbachii* (Ag.). 3° *Oolite inférieure et lias supé-rieur.* — *Localités principales.* — Crémieux, Amblagnieux, Vertrieux, Panossas, Saint-Quentin près la Verpillière. Calcaire blanc souvent oolitique saccharoïde ou marneux, renfermant des gîtes de fer oolitique à Saint-Quentin près la Verpillière. Ce calcaire est très-coquillier. A St-Quentin, par exemple, M. Scipion Gras a au moins trouvé une vingtaine d'espèces d'ammonites, parmi lesquelles nous citerons les *Ammonites Aalensis*, *Walcotii*, *insignis*, *Germanii*, *cornu-copia*, *fimbriatus*, *complanatus*, *sternalis*, *mucronatus*, *Ra-quinianus*, *variabilis*, *heterophyllus*, *subarmatus*, *Levesquii*, *Hommairei*, *primordialis*, *annulatus*, *serpentinus?* (d'Orb.); la *Terebratula variabilis* (Sch.); *Nautilus intermedius* (d'Orb.); *N. striatus* (Sow.); des pleurotomaires dont un senestre, des natices, une alvéole gigantesque de Bélemnite, etc., s'y rencontrent aussi. M. d'Orbigny y indique encore les *Belemnites brevis, tricaniculatus, nodotianus, exilis, irregularis, tripartitus.*

B.—*Terrain jurassique alpin.*— Tout l'étage jurassique supérieur manque ; quant à l'étage moyen, plusieurs géologues regardent comme appartenant au T. *Corallien* la partie inférieure du calcaire en partie dolomisé de l'Échaillon et de la Buisse. L'oxfordien a un grand développement dans l'arrondissement de Grenoble ; on lui rapporte plusieurs espèces d'îlots qui semblent surgir au milieu de la formation néocomienne (Voy. pl. 6), savoir : 1° un massif au-dessus de Fourvoiry, sur la route de Saint-Laurent-du-Pont à la Grande-Chartreuse ; 2° un autre massif au-dessus du couvent de la Grande-Chartreuse ; 3° un troisième entre la Rochère et Saint-Pierre-d'Entremont ; 4° la montagne d'Aizy, entre Noyarey et Veurey, et celle de Chalais près Voreppe, qui est le prolongement d'Aizy, dont la vallée de l'Isère la sépare seulement. On rencontre à Chalais et à Fourvoiry les *Ammonites communis?, A. Hommairei* (d'Orb.), et *biplex* (Sow.) ; à Aizy, les *Ammonites Adelæ, A. Hommairei, A. anceps* ou *Parkinsoni* (d'Orb.) ; *A. biplex* (Sow.) ; *A. tatricus, A. viator*, le *Belemnites hastatus* (d'Orb.). Plus à l'est, le terrain oxfordien constitue une grande chaîne qui s'étend dans le département, depuis Chapareillan jusqu'au Monestier-du-Percy. Cette chaîne limite ainsi le côté droit de la vallée de Graisivaudan, constituant, à partir de Chapareillan, le plateau des villages de Saint-Pancrace, Saint-Hilaire, Belle-Combe, etc., et, près Grenoble, les montagnes de Saint-Eynard, de Rachet et de la Bastille. Interrompue à Grenoble par la vallée de l'Isère, on la retrouve au rocher de Comboire près Cosseil, au pont de Claix, à Rochefort, et elle se continue à Varces, Vif, Saint-Michel-les-Portes, etc., jusqu'à la limite indiquée. On peut y distinguer trois assises principales : 1° une assise supérieure ayant pour type le *calcaire de la porte de France de Grenoble*, calcaire gris souvent imprégné de carbone avec de nombreuses veines blanches spathiques, et quelques couches marneuses, dont l'une hors la porte de France est bitumineuse. Ce calcaire, assez dur, est exploité comme pierre de taille à Grenoble, au pont de Claix, etc. Les fossiles principaux que l'on y trouve sont les *Ammonites biplex* (Sow.) ; *A. flexuosus?, A. Bakeriæ, A. Hommairei, A. tatricus, A. tortisulcatus, A. viator, Belemnites hastatus* (d'Orb.) ; *Terebratula diphya*, ou espèce nouvelle voisine ; *Aptychus lævis et imbricatus* (Mey.) ; 2° une *assise*

moyenne que nous nommerons *marnes à petites ammonites fer-
rugineuses*, formée essentiellement par un calcaire plus ou
moins marneux, renfermant parfois des géodes à cristaux in-
térieurs siliceux (au-dessus de Meylan et de Biviers). Cette assise, indépendamment de quelques-uns des fossiles précédents,
renferme sur un grand nombre de points (carrière hors la
porte Saint-Laurent, coteaux au-dessus de l'église de Meylan, etc.) une foule de petites ammonites, converties en fer
pyriteux ; ce sont surtout les *Ammonites Henrici*, *A. tripartitus*, *A. tortisulcatus* (d'Orb.); *A. biplex* (Sow.); *A. Lunula*
(d'Orb.), etc.; 3° une assise inférieure, nommée *marnes à posidonies*, formée de marnes schisteuses très-feuilletées, renfermant parfois un très-grand nombre d'empreintes de posidonies. Ces fossiles sont surtout abondants à la Fontaine ardente
au-delà de Vif, à Meylan sur le premier coteau au-dessus de
la mairie et également au-dessus de l'église, au Touvet, etc.
C'est d'après l'autorité de M. Tiollière, de Lyon, que nous rapportons cette assise au *T. Oxfordien*.

L'étage jurassique inférieur paraît manquer dans nos Alpes. On peut considérer comme faisant partie du lias supérieur et moyen, 1° des couches assez puissantes d'un calcaire
schisteux, noirâtre, marneux, immédiatement inférieur aux
marnes à posidonies, renfermant des bélemnites et entre autres ammonites l'*A. heterophyllus*, *A. fimbriatus*, *A. margari-
tatus* (d'Orb.); c'est le calcaire schisteux qui borde les deux
rives du Drac à St-Georges-de-Commiers, à la Motte-les-Bains,
etc. ; 2° au-dessous, un calcaire noirâtre, semi-cristallin, siliceux et passant au grès sur quelques points, exploités comme
marbre à Laffrey et à Peychagnard, et que l'on retrouve avec
les mêmes caractères minéralogiques à Corenc, où on l'exploite
comme pierre de taille. On trouve peu de fossiles dans cette
dernière localité; mais on rencontre à Laffrey les espèces suivantes : *Terebratula tetraedra* (Sow.); *T. numismalis* (Lam.) ;
Plagiostoma punctata (Sow.); *Belemnites niger* (d'Orb., *Paléont.
univ.*) ; des *Spirifer*, des Gryphées, etc.

Au-dessous du calcaire de Laffrey vient une formation très-
remarquable que M. Scipion Gras a désignée sous le nom de
terrain anthracifère, qui s'étend dans tout l'est de l'arrondissement de Grenoble, et qui, d'après cet ingénieur, serait

limitée du côté de l'ouest par une ligne qui, partant de Pont-
charra, suivrait les coteaux de la rive gauche de l'Isère jusqu'à Échirolles, passerait ensuite par Champagnier, au
milieu d'alluvions anciennes et modernes, comprendrait
Champ pour aller rejoindre la route royale de Grenoble à
Gap, jusqu'au lac de Laffrey ; là, elle embrasserait dans un
cercle tout le bassin anthracifère de la Mûre, en passant ensuite au nord de cette petite ville, par Nantes-en-Rattier, Au-
ris-en-Rattier, Saint-Michel-des-Portes et la Sallette. Cette
formation très-étendue comprend des calcaires plus ou moins
compactes, noirs ou blancs cristallins (Valsenestre), des ardoi-
ses, des calcaires schisteux, noirâtres, marneux ou magné-
siens. D'après les théories modernes, le terrain talqueux
(gneiss, schistes) de l'arrondissement de Grenoble ne serait que ce calcaire modifié par le métamorphisme. On y
trouve, soit dans ce terrain métamorphique, soit dans le calcaire non altéré, comme formations subordonnées, et indépendamment de nombreux filons métallifères de fer carbonaté
(Vizille, Allevard), de galène (Oulles près Allemont, Theys,
etc.), de cuivre gris argentifère (montagnes de Brandes et
des Rousses), de nickel, cobalt et argent (montagne des
Chalanches), de Blende (Laffrey, Séchilienne,) etc. : 1° des
amas et des couches d'anthracite avec grès, aux environs de
la Mûre, à Venose, à Huez, au Freney, au Mont-de-Lans,
à Laval, à Clot-Chevallier, etc.; il faut remarquer que les
empreintes végétales que présentent ces roches appartiennent à la flore houillère, tandis que les fossiles du terrain
calcaire sont ceux du lias moyen ou inférieur ; 2° des amas
stratifiés de gypse renfermant parfois des masses d'anhydrite
(Champ, Vizille, Valbonnais, Cognet, Allevard, la Fer-
rière) ; 3° des *Spilites* (*Variolites* du Drac), roche amygda-
loïde à pâte plus ou moins verdâtre, renfermant de petits
noyaux arrondis de nature et de couleurs variables (Champ
près des carrières de plâtre, Cognet, Valbonnais, Valsenestre,
le Perier, la Gardette, etc.) (Voyez la *Statistique générale de
l'Isère*, tome 1, page 158, par M. E. Gueymard).

Plusieurs localités de ce terrain anthracifère, telles que celles
du col d'Ornon, du Mont-de-Lans en Oisans, etc., renferment un
assez grand nombre de débris organiques; on y cite l'*Ammonites
Bucklandi, A. Scipionianus, Belemnites niger* (d'Orb.), etc.

C'est au milieu de ce terrain que surgissent les masses de protogyne qui servent de bases à nos Alpes (Cirque de la Bérarde en Oisans, les Sept-Laux, la Gardette, le Petit et le grand Charnier, etc.)

On rencontre enfin un lambeau de terrain houiller autour de Vienne, près Communay et Ternay. Les autres formations inférieures paraissent manquer dans le département. Hors de l'arrondissement de Grenoble, le schiste talqueux se montre dans une petite étendue autour de Vienne, et à Chamagnieu au nord de la Verpillière.

§ II. *De la formation crétacée du département de l'Isère.*

La formation crétacée, en comprenant surtout sous ce nom le terrain néocomien, se présente dans notre département sous la forme d'une bande bien plus longue que large, dirigée obliquement du nord-est au sud-ouest, interrompue et coupée vers sa partie moyenne par la portion de la vallée de l'Isère comprise entre Grenoble et la Buisse près Voreppe. La largeur de cette bande n'est guère que de dix-huit à vingt kilomètres, sur une longueur de presque cent kilomètres. Ses limites sont faciles à établir ; à l'est, depuis Chapareillan, le terrain crétacé suit la direction de la vallée de Graisivaudan, sur la droite de l'Isère, et constitue cette chaîne élevée qui domine, en marchant parallèlement, la chaîne oxfordienne du mont Saint-Eynard, du mont Rachet, etc., dont nous avons parlé. Cette chaîne crétacée, après avoir formé successivement le pic de Granier près Chapareillan, la chaîne qui fait suite, la Dent de Crolles, le roc de Chame-Chaude et le mont Néron au-dessus de la Buisserate, est interrompue par la vallée de l'Isère ; elle recommence à la montagne qui est au-dessus de Saint-Nizier, et s'étend du nord au sud, en passant par Claix, Saint-Paul-de-Varces, Gresse, et en formant le mont Aiguille jusqu'au col de la Croix-Haute ; au nord-ouest, la craie a pour limite le terrain tertiaire et d'alluvions, en suivant une ligne qui s'étendrait du Pont-de-Beauvoisin à Saint-Marcellin, en passant par Voiron, Moirans et Vinay. La largeur de cette formation crétacée du département est assez étroite, comme on le voit ; de plus, l'étendue de cette bande est encore diminuée par des ilots jurassiques et les lambeaux de molasse de Proveysieux , Saint-Nizier , Lans et Autrans, de Saint-Laurent-du-Pont, Voreppe, la vallée de Montaud et celle de Rancurel , dont nous avons parlé.

Ces différentes zones de molasse sont séparées entre elles par des chaînes de montagnes dirigées toutes presque parallèlement du nord-est au sud-ouest ; direction qui est celle du massif crétacé entier (voy. la pl. 6). Quand on examine ces diverses chaînes , on reconnaît bientôt qu'elles ont toutes une composition à peu près identique. Elles s'appuient ordinairement à leur base sur un massif jurassique ; puis viennent au-dessus successivement les couches du terrain néocomien inférieur, celles du terrain néocomien supérieur, et enfin pour quelques-unes, le Gault ; ce dernier ne s'élevant jamais bien haut et remplissant plutôt l'intervalle existant entre les chaînes. La supposition la plus naturelle est d'admettre que ces diverses couches néocomiennes, identiques sous le rapport des fossiles et de la nature minéralogique , appartiennent à *une même formation* qui a été soulevée et brisée par divers soulèvements , ayant agi suivant des directions à peu près parallèles , et en formant des failles ; l'apparition du terrain jurassique au milieu du massif crétacé confirme pleinement cette supposition.

On peut distinguer dans notre terrain crétacé quatre soulèvements principaux que nous allons étudier successivement (voy. pl. 6. La flèche indique le côté où plongent les couches).

I. Le premier soulèvement , que nous nommerons *soulèvement oriental* ou du *mont Néron* , a formé la chaîne néocomienne dont nous avons déjà parlé, qui s'étend depuis Chapareillan jusqu'au col de la Croix-Haute , en s'appuyant en stratification concordante sur la chaine oxfordienne de la porte de France. Le pic de Granier près Chapareillan , la chaîne qui fait suite, la Dent de Crolles ou petit Som, Chame-Chaude , Néron , la montagne de Saint - Nizier (1) depuis le

_____

(1) Il ne faut pas confondre cette montagne avec le plateau où se

pic des trois Pucelles, la montagne de Claix, de Saint-Paul-de-Varces, la Moucherolle, le mont Aiguille, appartiennent à ce premier soulèvement. Les couches qui ont, comme à l'ordinaire, la même direction que la chaîne elle-même, *plongent vers le nord-ouest*; c'est aussi l'inclinaison du terrain oxfordien sous-jacent. Le massif crétacé et jurassique appartenant à ce premier soulèvement oriental est donc limité, à l'est, par la vallée de l'Isère au-dessus de Grenoble, et par la vallée du Drac et de la Gresse; à l'ouest, il est séparé d'abord de la chaîne appartenant au deuxième soulèvement, par les vallons de Saint-Pierre-d'Entremont et de Saint-Pierre-de-Chartreuse, par le col de Porte, les vallons de Sarcenas et de Quaix; puis de la chaîne appartenant au troisième soulèvement, par la petite vallée de Saint-Égrève et par une ligne qui, partant du pic des trois Pucelles à Saint-Nizier, suivrait la direction de la vallée de Lans jusqu'à la Moucherolle; là, les chaînes principales appartenant au premier et au troisième soulèvement semblent se réunir pour former la chaîne massive du grand Veymond.

On peut étudier facilement la coupe des différentes couches que présente ce premier soulèvement, en allant de Grenoble au village de la Buisserate, le long de la grande route. Après avoir traversé le calcaire oxfordien de la porte de France jusque vers le ruisseau du pont de Pique-Pierre, on trouve au delà de ce ruisseau, avec une inclinaison de 50 deg. au plus, des couches marneuses, minces, grisâtres, très-friables, passant à un calcaire marneux exploité autrefois comme ciment hydraulique, au hameau de Narbonne. Plus loin, vers la carrière de Pique-Pierre en s'élevant, ce calcaire marneux devient bleuâtre ou jaune; il se durcit bientôt, passe au grès calcaréo-siliceux, en formant un peu plus loin et à cent pas de la grande route un escarpement où l'on trouve en assez grande abondance l'*Exogyra sinuata* (Leym.), *Belemnites subfusiformis* (d'Orb.), des ammonites, des turritelles

trouve le village de St-Nizier; ce plateau, qui est formé par le Gault, appartient à notre troisième soulèvement. On trouve à son sommet des lambeaux de molasse et d'alluvions, prolongement de celles de Proveysieux.

et quelques bivalves. Au delà et en s'élevant de plus en plus, on remarque une puissante couche marneuse alternant avec des lits plus durs, qui s'étend jusqu'à la base de Néron, au lieu dit l'Hermitage, et où l'on rencontre presque à chaque pas le *Toxaster complanatus* (Ag.). On y trouve en outre l'*Ammonites semistriatus* (d'Orb.), *Toxaster gibbus* (Ag.), *T. cuneiformis* (nobis), *Pyrina pygœa* (Ag.), *Cyphosoma paucituberculatum* (nobis), *Dysaster anasteroïdes* (Leym.), *Janira atava* (d'Orb.), des pinnes, cuculées, panopées, nucules, etc. Cette grande couche marneuse traverse de part en part la base de Néron en se relevant, et se retrouve de l'autre côté de la montagne, vers Saint-Égrève. Ces diverses séries de strates constituent le terrain néocomien inférieur. Au-dessus des marnes, depuis l'Hermitage jusqu'à la crête de Néron, on rencontre une couche d'un calcaire bleuâtre renfermant des rognons de silex noirâtre, puis un calcaire blanc mêlé à quelques couches jaunes ou rosées, à cassure cristalline pseudo-oolitique, renfermant une infinité de *Requienia (Chama)*, de monopleures, le *Pygaulus depressus* (Ag.), etc. Cet ensemble constitue le terrain néocomien supérieur (voy. la coupe de la pl. 6). Une succession semblable de couches s'observe du reste sur tous les points de la chaîne appartenant à ce premier soulèvement. On peut l'observer facilement à Allières et à Claix ; dans cette dernière localité, le calcaire dur siliceux forme un escarpement situé un peu au delà du village. Vers la cascade d'Allières se trouve la couche marneuse à *Holaster complanatus*, qui renferme également des pinnes, cuculées, panopées, le *Nautilus Requienianus* (d'Orb.), etc.

II. Le deuxième soulèvement, que nous appellerons soulèvement *septentrional* ou du *Grand Som*, est moins étendu que les autres ; il a formé une suite de pics qui s'étendent depuis Entremont jusqu'à Quaix, parallèlement à la chaîne orientale. Les plus élevées de ces cimes sont celles du Bérard, de la Pinée, de Charmansom, et surtout du Grand-Som, à l'est de la Grande-Chartreuse. Les couches plongent vers le sud-est, en sens inverse par conséquent de celles du soulèvement oriental. Les tranches des couches relevées bordent à l'est les vallons de la Rochère, de la Chartreuse, de Vallombre et de Proveysieux. Le terrain jurassique oxfordien, sur lequel s'appuie la base de cette chaîne et qui a été soulevé en même temps qu'elle, ne s'est pas fait jour au dehors sur toute la ligne ; il n'est apparent, d'après M. Elie de Beaumont, dans une certaine étendue, que sur deux points, vers le couvent de la Grande-Chartreuse, et dans l'espace compris entre le village de la Rochère et Entremont. Ce soulèvement s'arrête, comme nous l'avons dit, à Quaix ; cependant, du côté de Saint-Égrève, les couches du mont Néron se redressent un peu vers l'ouest, comme si elles y avaient participé (voir la coupe, pl. 6). Le soulèvement du rocher des cuves de Sassenage est peut-être dû à la même cause. La composition, la nature et la disposition des couches dans ces roches sont du reste parfaitement les mêmes que dans la chaîne orientale ; il n'y a d'autre différence que le sens de l'inclinaison. Ces deux premiers soulèvements sont les plus anciens de tous ; ils sont antérieurs à la formation du Gault et de la molasse, les montagnes qui leur appartiennent sont entièrement néocomiennes ; les couches de molasses voisines n'ont jamais participé à ce soulèvement. M. Lory fait remarquer en outre que ces roches ont de la tendance à former des crêtes escarpées, plus ou moins écartées les unes des autres et que couronnent le calcaire blanc à *Chama*. Ces deux chaînes ont une hauteur moyenne de 1,900 à 2,000 mètres.

III. Le troisième soulèvement, que nous nommerons aussi soulèvement *moyen* ou de *Sassenage*, est le plus étendu de tous ; il a agi sur des roches appartenant au Gault et au terrain néocomien. Ce premier soulèvement s'est fait probablement d'une manière lente ou à des époques successives, et c'est dans l'intervalle qu'ont dû se déposer la molasse et peut-être le Gault. La molasse, en effet, a participé au soulèvement, quoique avec un degré d'inclinaison moindre que celle de la roche crétacée. Quoi qu'il en soit, les roches appartenant à ce troisième soulèvement constituent d'abord une chaîne principale *néocomienne*, qui commence vers la frontière de la Savoie, entre la Rochère et Saint-Christophe, passe tout près et à l'ouest du couvent de la Grande-Chartreuse, coupe la gorge du Guiers-Mort vers la porte de l'Œillet, continue à se diriger vers le sud en formant la montagne de la Sure, et borde ensuite à l'ouest, à partir du col des

Charmettes, la vallée de Proveysieux et de Saint-Égrève jusqu'aux carrières de Roche-Pleine près Saint-Robert ; en ce point, cette chaîne est interrompue par la vallée de l'Isère ; elle recommence auprès du village de Sassenage ; là, après avoir éprouvé une dépression accidentelle qui a formé l'entrée de la gorge d'Engins, elle change de direction et se dirige à l'ouest du côté de Noyarey. Elle contourne la montagne d'Aizy et reprend alors sa direction primitive du nord-est au sud-ouest ; après s'être rapprochée, sur une certaine étendue, de la chaîne du quatrième soulèvement vers la montagne de la Clef, elle s'en détache bientôt, continue à se diriger vers le sud en séparant la vallée d'Autrans et de Méaudre de celle de Rancurel ; arrivée au vallon de la Bourne, elle se dévie un peu à l'est, pour se réunir presque à la chaîne du soulèvement oriental vers la Moucherolle, et former, comme nous l'avons dit, le massif du grand Veymont.

Le trajet que nous venons d'indiquer est celui de la chaîne néocomienne principale, dont la hauteur moyenne est d'environ dix-sept cents mètres. Le Gault, qui appartient également à ce troisième soulèvement, occupe une assez grande étendue vers le sud. Il commence à se montrer au fond de la vallée de Proveysieux vers le col des Charmettes, en s'appuyant en stratification concordante sur le néocomien supérieur de la chaîne principale ; là, son épaisseur y est médiocre ; on peut le suivre ainsi jusqu'aux petites carrières de Roche-Pleine où on l'exploite pour en tirer des dalles. Au delà de la plaine de l'Isère il reparaît avec la même composition et la même superposition, à Sassenage et à Fontaine ; mais là, il commence à acquérir un grand développement ; il constitue les roches du désert de Vouillant, les balmes de Fontaine, les roches de Seyssins, Pariset, et forme le plateau de St-Nizier. Plus haut, le défilé d'Engins, la petite chaîne qui sépare la vallée de Lans de celle d'Autrans, et enfin toutes les collines du Villars-de-Lans jusqu'au pied de Coranson et dans la vallée de la Bourne, tout l'espace, en un mot, compris entre la chaîne du premier soulèvement et celle du troisième appartiennent également au Gault. La portion du terrain jurassique oxfordien, soulevée en même temps que la chaîne néocomienne, et sur laquelle elle s'appuie, n'est apparente que dans sa partie nord. Ce terrain jurassique s'observe au-dessus de Fourvoiry et au pied de la montagne de la Sure ; il forme ensuite la montagne de Chalais , située entre Voreppe et le Chevalon, et celle d'Aizy , située entre Veurey et Noyarey ; au delà , vers le sud, il cesse d'être apparent, recouvert immédiatement par les assises puissantes du terrain néocomien. Toutes les couches appartenant à ce troisième soulèvement plongent en général du côté du sud-est ; cette inclinaison est la même que celle de la chaîne du second système , et il faut admettre nécessairement l'existence d'une faille entre ces deux chaînes ; c'est ce que démontre du reste, comme le fait observer M. Lory , le désordre des couches sur les points de contact.

Nous allons donner maintenant quelques détails sur la disposition des assises , et sur les fossiles des diverses roches de ce troisième soulèvement.

A. Partie néocomienne. — On peut très-bien étudier la coupe que présente la partie néocomienne , en allant du hameau du Chevalon aux carrières de Roche-Pleine près Saint - Robert (voy. la coupe , pl. 6.) Au Chevalon près Voreppe, les couches néocomiennes inférieures reposent immédiatement en stratification concordante sur le calcaire oxfordien de la montagne de Chalais ; elles n'en sont séparées que par le torrent du Chevalon. Ce calcaire, qui est jaunâtre, renferme des térébratules lisses , plates, et présente quelques bancs de mannes grisâtres , où l'on rencontre le *Dysaster ovulum* (Desor); au-dessus viennent les calcaires bleus et jaunes, plus ou moins marneux , que l'on exploite au Fontanil comme pierre de taille ; le grand nombre des carrières ouvertes dans cette localité nous a permis d'y recueillir une certaine quantité de fossiles. Aussi, indépendamment des espèces que nous avons déjà citées dans le T. néocomien inférieur, en énumérant les divers terrains du département , on y trouve encore l'*Ammonites infundibulum* (d'Orb.) ; *Pecten Voltzii* (Leym.) ; *P. Striato-Punctatus* (Rœm.); *Trigonia divaricata, Lima longa* (d'Orb.); *Gervilia anceps* (Leym.); *Pholadomya elongata* (Gold.); *Panopæa Prevosti* (Leym.) ; *Terebratula hippopus* (Rœm.); *T. Carteroniana* (d'Orb.); des encrines, des *cardium*, le *Diadema Grasii* (Desor); *D. uniforme*, *D. Corona*, *Acrocidaris depressa* , *Salenia depressa* , *Peltastes pentagonifera* , *Echinus denudatus* , *Metaporhinus Gueymardi* (nobis) , etc. L'*Holaster complanatus* (Ag.) y est rare. Au-dessus , à Cornillon , vient une suite de couches compactes ou marneuses de teintes très-variées , et dont quelques-unes sont fossilifères ; enfin , près Saint-Robert , au Moulin, et vers la cascade de M. de la Chance, se trouve un banc marneux où l'on rencontre en abondance l'*Holaster complanatus*(Ag.),mêlé au *Dysaster anasteroïdes* (Leym.) , *Toxaster cuneiformis* (nobis), *Janira atava* (d'Orb.) , à des panopées et diverses autres bivalves ; là se termine le terrain néocomien inférieur. Au-dessus, et en s'avançant vers Saint-Égrève , vient d'abord une couche jaune ou rosée à cassure pseudo-olique , et puis l'on trouve la dernière et puissante assise du calcaire blanc à *Chama* , mêlé à quelques couches marneuses rougeâtres ou grises ; c'est ce calcaire blanc que l'on exploite comme pierre de taille dans les deux premières carrières de Roche-Pleine. Il caractérise, comme on l'a dit, le T. néocomien supérieur, et renferme en grande quantité des *Requienia (Chama)* et de petites huîtres ; sur plusieurs points , on y rencontre en outre le *Pygaulus depressus* , *Toxaster oblongus* (Ag.) , et d'autres fossiles qui appartiennent à cette assise supérieure. Un peu au delà se trouve le Gault.

En suivant le chemin de Saint-Laurent-du-Pont à la Chartreuse , le long du Guiers-Mort, on retrouve la même succession de couches ; d'abord le terrain néocomien inférieur superposé au terrain jurassique de Fourvoiry ; puis en s'élevant, le calcaire blanc du néocomien supérieur qui commence à la porte de l'OEillet. Ce calcaire blanc renferme un peu plus haut des couches marneuses riches en *Toxaster oblongus*; on y rencontre aussi le *Pygaulus depressus* (Ag.) ; *Diadema Carthusianum* (nobis) ; *Janira (Pecten) Deshayana* (d'Orb.); *Serpula heliciformis* (Gold.) ; *Nucula ovata* (Mantel); *Terebratula tamarindus?, Rhynchonella lata* (d'Orb.), etc. Au-dessus, le terrain est bouleversé par une faille qui fait apparaître de nouveau le terrain jurassique vers le couvent de la Grande-Chartreuse.

Enfin, une disposition semblable s'observe également sur la rive gauche de l'Isère entre Noyarey et Sassenage. Les strates néocomiennes inférieures s'appuient sur le plateau jurassique d'Aizy au-dessus de Noyarey, et viennent ensuite en s'élevant jusqu'auprès de Sassenage, où se rencontre le terrain néocomien supérieur. Aux côtes de Sassenage, dans les blocs marneux entassés près des vignes, on aperçoit un assez grand nombre de fossiles que l'on retrouve en place un peu plus loin, aux balmes de Clémencières, dans des couches marneuses grises. Nous citerons parmi ces fossiles le *Janira Deshayana* (d'Orb.); *Requienia (Chama) Ammonia*, *R. Lonsdalii* (Math.); des monopleures, *Pterocera pelagi* (Brong.); un *Opis*; *Orbitolites conica* (d'Arch.); *Pygaulus depressus*, *P. cylindricus* (Ag.); *Nucleolites Roberti* (nobis); *Toxaster oblongus* (Ag.); *Diadema Carthusianum*, *Goniopygus Delphinensis* (nobis), etc.

B. Gault. — A l'est et au-dessus de la chaîne principale néocomienne, depuis le col des Charmettes dans la vallée de Proveysieux jusqu'à Coranson au delà du Villars-de-Lans, vient, comme nous l'avons dit, la formation du Gault; elle est constituée d'abord par des roches calcaires très-dures, souvent à grains chlorités, disposés en couches assez minces formant des lauzes, d'autres fois passant au grès; telles sont les pierres que l'on exploite à Fontaine pour le pavage des rues de Grenoble; au-dessus, ce calcaire est jaunâtre, plus ou moins cristallin et chlorité, se divisant en feuillets peu épais; plus haut encore (vers les balmes de Fontaine, par exemple), les couches redeviennent blanches ou rosées, épaisses, compactes; la stratification est souvent même peu apparente; ce calcaire ressemble alors au calcaire blanc à *Chama* du terrain néocomien supérieur; mais il en diffère par l'absence de tous fossiles, et surtout par la présence de nombreux rognons de silex pyromaque. Ces diverses assises sont très-puissantes au-dessus de Sassenage jusqu'à Engins et Lans; elles sont du reste pauvres en fossiles; on trouve seulement dans les lauzes quelques astéries, dont le diamètre atteint quelquefois vingt-cinq à trente centimètres. Près du Villard-de-Lans et à Méaudre, ce système de couches se termine par un calcaire blanchâtre très-marneux, renfermant des huîtres de douze à quinze centimètres de diamètre formant des bancs; l'épaisseur d'une valve dans un exemplaire que nous avons recueilli près du torrent de la Bourne, en allant aux Ravix, était de quarante-deux millimètres. Cette espèce paraît nouvelle.

Au sud-ouest du Villars-de-Lans, s'observent d'autres couches du Gault très-remarquables, et qui seraient inférieures aux précédentes d'après M. Lory. Leur nature est variable; tantôt elles semblent désagrégées et formées de sables siliceux et de fragments roulés renfermant beaucoup de grains chlorités; elles sont alors très-coquillières ; d'autres fois elles forment des lits calcaires durs, rosés, sublamellaires, alternant avec d'autres lits plus ou moins tendres et marneux, renfermant parfois des rognons plus durs. Indépendamment des fossiles que nous avons indiqués en énumérant les divers terrains du département de l'Isère, nous citerons, comme se trouvant dans ces dernières couches, l'*Ammonites Parandieri*, *A. interruptus, A. Alpinus, A. Beudanti, Turbo Astierianus, T. Martinianus* (d'Orb.); *Hemiaster minimus, H. Phrynus?* (Ag.); *Toxaster Bertheloti, T. micrasterformis, Holaster subcylindricus, H. bisulcatus* (nobis); *H. Perezii* (Sismonda); *Diadema Lucæ* (Ag.); *Orbitolites lenticulata* (Lam.) ; des moules de salénies, une bélemnite, un nautile atteignant de grandes dimensions, beaucoup d'espèces de térébratules, *Terebratula sella, T. Dutempleana, T. disparilis, Rhynchonella octoplicata?* (d'Orb.), etc.; des lucines et d'autres bivalves.

Les localités les plus riches en fossiles sont : le lieu appelé *les Ravix*, à un kilomètre et demi à l'ouest du Villard-de-Lans, et au delà du vallon de Méaudre, *le hameau du Haut-Méaudret*. D'après M. Lory, en suivant les dernières traces de cette formation du Gault, le long du sentier qui conduit de Méaudret au col des Rages et qui longe la gorge de la Bourne, à une grande hauteur au-dessus de ce torrent, on voit percer à chaque pas, sous les couches du Gault, la surface inégale et évidemment sinueuse du calcaire à *Chama* sur lequel elles reposent, et il y aurait, d'après ce géologue, discordance complète de stratification entre ces deux terrains, comme si ce calcaire néocomien avait servi de rivage à la petite mer dans laquelle se sont déposées ces diverses couches sableuses et chloritées.

IV. Il nous reste à nous occuper du quatrième soulèvement, que nous nommerons soulèvement *occidental* ou *de la Dent de Moirans*, du nom d'une montagne située au-dessus de l'E-chaillon. Il paraît le plus récent de tous et bien postérieur au dépôt de molasse qui recouvre en grande partie la chaîne néo-comienne dans la portion nord, et qui a participé à son sou-lèvement. On doit lui rapporter :

1º La petite chaîne qui s'étend des Échelles jusqu'à Voreppe, et qui limite, à l'ouest, la plaine de Saint-Laurent-du-Pont et le vallon de Voreppe. Sa hauteur est de 900 mètres environ. 2º Au delà de l'Isère, une autre chaîne néocomienne, pro-longement de la première, qui s'étend depuis l'Échaillon et la Dent de Moirans jusqu'à Chorances, en bordant à l'ouest la vallée de Rancurel, et la séparant sur une assez grande largeur de la vallée de l'Isère ; vers Saint-Gervais cette petite chaîne se rapproche de la chaîne du troisième soulèvement, s'abaisse en même temps, et semble se terminer ; mais elle reparaît bientôt à l'ouest de la vallée de Rancurel. Les cou-ches de ce quatrième soulèvement plongent en général vers le sud-est, absolument comme celles du troisième ; il en résulte qu'elles semblent, par une anomalie singulière, s'enfoncer sous ces dernières, dont elles sont séparées pourtant au niveau du sol par de petits dépôts de molasse et de cailloux roulés ; il semblerait par exemple que les couches de la Dent de Moirans, évidemment néocomiennes, plongeraient sous le calcaire d'Aizy qui est jurassique. Il faut admettre nécessairement l'exis-tence d'une immense faille, due aux soulèvements successifs. Nous avons déjà été conduit à supposer une semblable dis-location entre la chaîne du deuxième soulèvement et celle du troisième.

Quoique l'inclinaison de ces couches soient en général du côté du sud-est et de l'est, cependant on remarque que sur le versant occidental de cette chaîne, elles ont aussi de la tendance à plonger du côté de Voiron et de la vallée de l'Isère. Ce système de couches s'appuie à l'ouest sur un terrain par-ticulier que l'on rapporte généralement au T. Corallien, et que l'on aperçoit au bas de la montagne de l'Échaillon, près la Buisse et dans le défilé de Crossey. En admettant la faille, dont nous avons parlé plus haut, on devrait retrouver ce même terrain corallien au-dessus des montagnes d'Aizy et de Chalais, ce qui n'est pas ; mais il est possible que dans ces dernières localités, ce terrain ait été emporté ou se réduise à quelques couches qu'on n'a pas distinguées.

On peut étudier la coupe que présente la chaîne due à ce quatrième soulèvement en se dirigeant de l'Échaillon à Veurey. On observe d'abord le calcaire blanc de l'Échaillon dolomisé dans certaines parties, et très-riche en fossiles que la plupart des géologues qui ont visité le pays rapportent au T. Corallien; le *Cidaris glandifera*? (Ag.), des peignes, des nérinées, des térébratules, des polypiers, etc.; M. Lory y cite aussi le *Diceras Lucii* (Defr.).

Au-dessus s'appuie un calcaire blanchâtre, puis bleu, où se trouve la *Rhynchonella difformis* (d'Orb.), l'*Exogyra sinuata* (Leym.), qui représente le bas du terrain néocomien inférieur; plus haut et en remontant le coteau, se rencontre une couche marneuse, découverte par M. Scipion Gras, où l'on trouve en abondance le *Toxaster complanatus* (Ag.), et le *Dysaster anasteroides* (Leym.), et qui indique la limite supérieure du terrain néocomien inférieur. Le terrain néocomien supérieur vient ensuite, caractérisé par de puissantes couches d'un calcaire blanc pétri de *Requienia* (*Chama*), de monopleures et autres fossiles de la même famille. Ce calcaire blanc alterne avec d'autres couches d'un calcaire, tantôt jaune ou rougeâtre, à cassure cristalline et pseudo-oolitique, tantôt gris marneux; on rencontre surtout dans ces dernières couches, et indépendamment des fossiles contournés, le *Toxaster oblongus*, *Pygaulus depressus*, *P. cylindricus* (Ag.); *Nucleolites Roberti* (nobis); *Orbitolites conica* (d'Arch.); des piquants de *Cidaris*, etc. Une semblable succession de couches s'observe du reste sur les autres points de ce soulèvement; aussi aux Buissières au-dessus de Voreppe on retrouve le terrain néocomien supérieur, caractérisé par le *Toxaster oblongus*, l'*Orbitolites conica*, etc. (voy. la coupe de la pl. 6.)

Au-dessus du terrain néocomien viennent les couches appartenant au Gault; nous ne les avons pas observées nous-même. M. Lory indique des lambeaux appartenant à cette formation, 1° aux environs des Échelles, vers le hameau de Chatelard, au pied de la roche de Berlan et au-dessous de la molasse; 2° dans le vallon de la Roise, entre le pied de la montagne de la Sure et le plateau de Raz; 3° quelques dépôts isolés fossi-

lifères, près Saint-Pierre-de-Chérène et au-dessus de Beauvoir. Le Gault paraît exister également au hameau du Fâ près
Rancurel ; c'est ce qui semble résulter d'une série de fossiles
que nous ont rapportés de cette localité MM. Désiré Robert et
Repellin. Ces fossiles appartiennent aux espèces suivantes :
Salenia petalifera (Ag. et Desor) ; *Galerites castanea*, *Discoidea conica* (Ag.) ; *Pyrina cylindrica* (nobis) ; *Ammonites ma-
millaris*, *A. Lyelli* (d'Orb.) , etc. ; un *Pygaster truncatus*
(Desor) provient peut-être de cette localité. Nous ferons remarquer ici, en passant, que le terrain néocomien des environs
du Fâ et de Saint-Pierre-de-Chérène est riche en fossiles. Dans
sa partie supérieure on rencontre l'*Arbacia globulus* (Desor);
l'*Echinus rotundus*, le *Goniopygus delphinensis* (nobis), et
beaucoup de piquants d'oursins, etc.; dans le T. néocomien
inférieur on trouve les *Ammonites Leopoldinus*, *A. Castel-
lanensis*, *A. difficilis*, *A. ligatus*, *A. cassida*, *Crioceras
Duvalii*, *Nantilus Neocomiensis*, *N. Bouchardianus* (d'Orb.),
etc., etc.

Craie chloritée. — Indépendamment des divers étages de la
craie que nous venons d'étudier dans chaque soulèvement,
il existe en outre dans le département de l'Isère, et tout près
de la frontière, dans la Drôme, deux dépôts d'une petite
étendue et appartenant à la craie chloritée: l'un d'eux s'observe
dans le vallon de la Fauge, à l'est et tout près du Villard-de-
Lans ; l'autre, dans la vallée de Saint-Aignan (Drôme). Ces
deux dépôts paraissent indépendants des divers soulèvements
que nous avons signalés ; ils reposent immédiatement sur le
terrain néocomien et en stratification discordante. Le vallon
de la Fauge, où se présente l'un d'eux, est situé au pied de la
grande chaîne néocomienne orientale ; la vallée de Saint-Aignan est limitée par les prolongements de la troisième et de
la quatrième chaîne. Les couches qui constituent ces deux
dépôts sont plus ou moins relevées à droite et à gauche sur
les flancs du vallon en forme de bateau ; elles sont calcaires;
leur partie inférieure est formée par une sorte de grès friable,
mêlé à beaucoup de grains chlorités qui leur donnent une couleur d'un vert foncé ; ces strates, peu épaisses, alternent avec
des couches plus dures et de couleur moins foncée ; elles sont
riches en fossiles , surtout dans l'escarpement que forment à

la Fauge trois grands ravins, situés vers le bas de la grande chaîne. Nous avons déjà indiqué la plupart de ces fossiles en énumérant les divers terrains du département de l'Isère; nous y citerons encore les *Ammonites Velledœ*, *A. varians*, *A. Honoratianus*, *Hamites armatus*, *H. elegans*, *Scaphites œqualis* (d'Orb.); *Diadema variolare* (Brong.); *Cidaris insignis* (nobis); *Galerites globulus*? (Desor); un nautile, des bélemnites, etc. D'après M. Lory, les couches supérieures qui forment le fond du vallon de la Fauge sont calcaires, grisâtres, compactes, et deviennent ensuite très-minces, sublamellaires et rougeâtres; au-dessus s'observent d'autres couches sableuses, à ciment calcaire cristallin et très-dur, abondamment pénétrées de points verts réguliers.

Nous ne connaissons pas dans le département de l'Isère de couches crétacées d'un âge plus récent que la craie chloritée. M. Berthelot a remarqué dans la vallée de Saint-Aignan (Drôme), au-dessus des couches chloritées à *Discoidea conica*, d'autres couches appartenant à un calcaire blanc, d'un aspect différent des premières, et renfermant beaucoup de silex pyromaque; faute de temps, il n'a pu ni étudier leur nature, ni s'assurer si elles renfermaient des fossiles.

Notre terrain crétacé n'a pas été étudié, du reste, sur beaucoup de points, et il y a encore un vaste champ pour des recherches; nulle part le calcaire à nummulites n'a été signalé, et cependant ce terrain existe sur une grande étendue, en Savoie et dans le département des Hautes-Alpes. Nous faisons des vœux pour que de nouvelles recherches viennent compléter le court aperçu que nous venons de donner sur la formation crétacée de notre département.

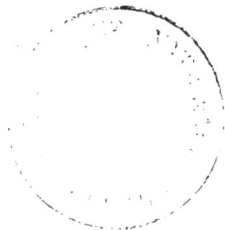

FIN.

TABLE

DES GENRES D'OURSINS FOSSILES DE L'ISÈRE.

Fig. 1. *Cidaris Malum* (nobis), coupe verticale. Fig. 2. Id., développement de l'aire interambulacraire. Fig. 3. Id., développement de l'aire ambulacraire.

Fig. 4. *Cidaris insignis* (nobis), coupe verticale. Fig. 5. Id., développement de l'aire interambulacraire. Fig. 6. Id., développement de l'aire ambulacraire.

Fig. 7. Coupe d'une plaquette du *Cidaris tuberosa* (nobis). Fig. 8. Id., plaquette vue d'en haut.

Fig. 9. *Salenia depressa* (nobis), face supérieure. Fig. 10. Id., coupe verticale.

Fig. 11. *Pellastes pentagonifera* (nobis), face supérieure. Fig. 12, coupe verticale.

Fig. 13. *Goniopygus irregularis* (nobis), face supérieure. Fig. 14, coupe verticale.

Fig. 15. Appareil génital du *Goniopygus Delphinensis* (nobis).

Fig. 16. Appareil génital du *Salenia petalifera* (Ag. et Desor).

Fig. 17. *Hemicidaris inermis* (nobis), vu latéralement.

Fig. 18. *Acrocidaris depressa* (nobis), face supérieure. Fig. 19. Id., face inférieure. Fig. 20. Id., coupe verticale.

Fig. 21. *Diadema Corona* (nobis), coupe verticale. Fig. 22. Id., développement de l'aire interambulacraire. Fig. 23. Id., développement de l'aire ambulacraire.

Fig. 24. *Diadema Grasii* (Ag. et Desor), coupe verticale. Fig. 25. Id., développement de l'aire interambulacraire. Fig. 26. Id., développement de l'aire ambulacraire.

Fig. 27. *Cyphosoma paucituberculatum* (nobis), coupe verticale. Fig. 28. Id., développement de l'aire ambulacraire. Fig. 29. Id., développement de l'aire interambulacraire.

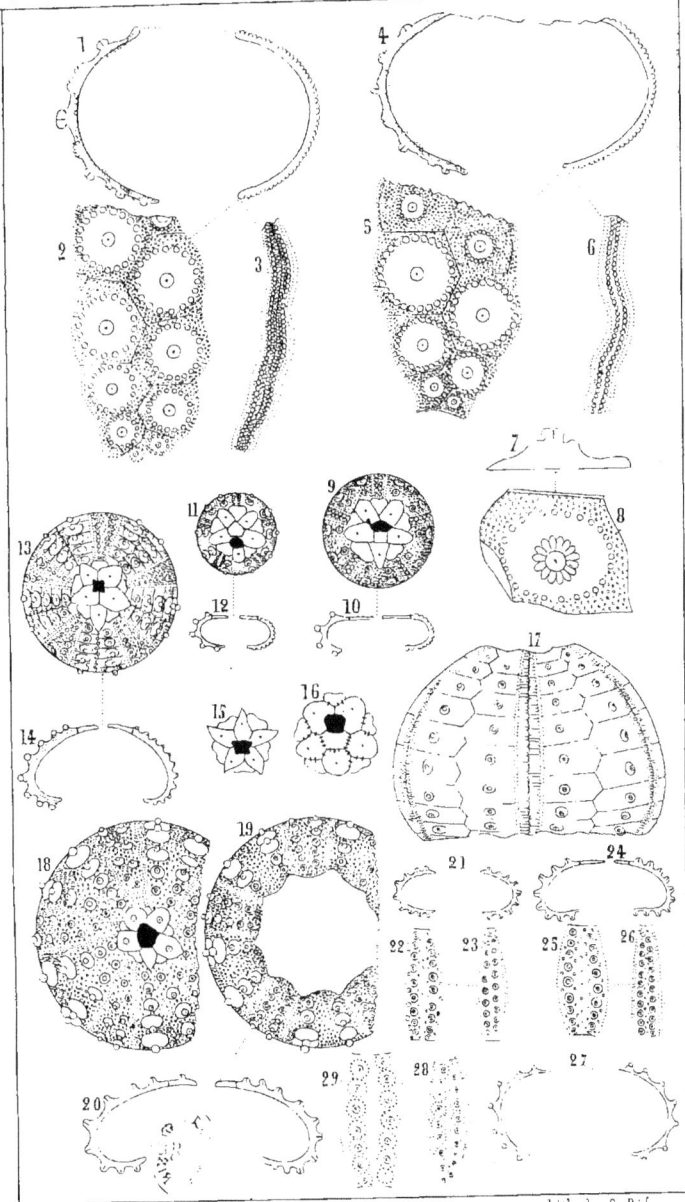

EXPLICATION DE LA PLANCHE II.

Fig. 1. *Diadema Carthusianum* (nobis), coupe verticale. Fig. 2. Id., développement de l'aire interambulacraire. Fig. 3. Id., développement de l'aire ambulacraire.

Fig. 4. *Diadema uniforme* (nobis), coupe verticale. Fig. 5. Id., développement de l'aire interambulacraire. Fig. 6. Id., développement de l'aire ambulacraire.

Fig. 7. *Arbacia globulus* (Ag. et Desor), coupe verticale. Fig. 8. Id., développement de l'aire interambulacraire. Fig. 9. Id., développement de l'aire ambulacraire.

Fig. 10. *Diadema Repellini* (nobis), (exemplaire de grande dimension), coupe verticale. Fig. 11. Id., développement de l'aire ambulacraire. Fig. 12. Id., développement de l'aire interambulacraire.

Fig. 13. *Echinus denudatus* (nobis), coupe verticale. Fig. 14. Id., développement de l'aire ambulacraire (l'artiste a mal indiqué la triple rangée de pores). Fig. 15. Id., développement de l'aire interambulacraire.

Fig. 16. *Diadema variolare* (Ag. et Desor), coupe verticale. Fig. 17. Développement de l'aire interambulacraire. Fig. 18. Id., développement de l'aire ambulacraire.

Fig. 19. *Holectypus Neocomensis* (nobis), vu latéralement. Fig. 20. Id., face inférieure.

Fig. 21. Appareil génital de l'*Holaster lœvis* (Ag.).

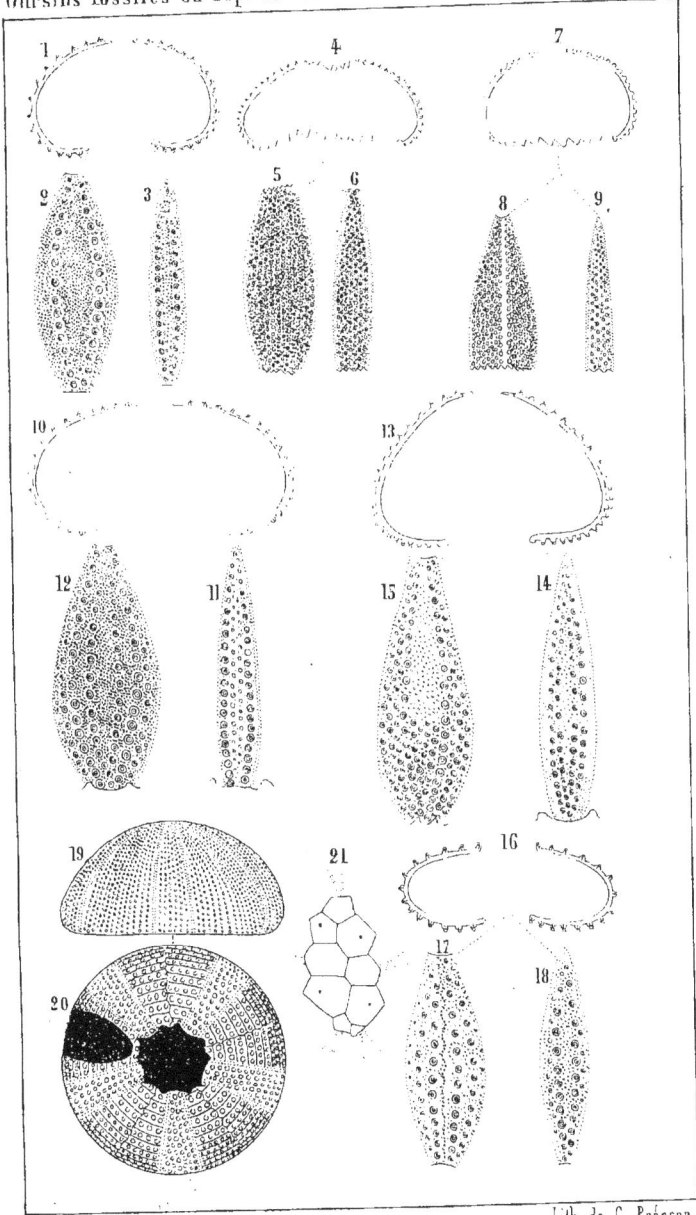

Lith. de C. Pegeron.

EXPLICATION DE LA PLANCHE III.

Fig. 1. Piquant du *Cidaris punctatissima* (Ag.).
Fig. 2. Piquant du *Cidaris rysacantha* (nobis).
Fig. 3. Piquant du *Cidaris unionifera* (nobis).
Fig. 4. Piquant du *Cidaris heteracantha* (nobis), var. A.
Fig. 5. Piquant du *Cidaris pustulosa* (nobis).
Fig. 6. Piquant du *Cidaris prismatica* (nobis).
Fig. 7. Piquant du *Cidaris ramifera* (nobis).
Fig. 8. Piquant du *Goniopygus Delphinensis* (nobis).
Fig. 9. Piquant du *Cidaris heteracantha* (nobis), var. B.
Fig. 10. *Nucleolites Roberti* (nobis), face supérieure. Fig. 11. Id., coupe verticale, *a* anus, *b* bouche.
Fig. 12. *Pyrina cylindrica* (nobis), face supérieure. Fig. 13. Id., face inférieure. Fig. 14. Id., bord postérieur. Fig. 15. Id., coupe verticale, *a* anus, *b* bouche.
Fig. 16. *Pygaulus cylindricus* (Ag. et Desor), face supérieure (la partie antérieure est par erreur plus large que la postérieure.) Fig. 17. Id., face inférieure. Fig. 18. Id., coupe verticale, *a* anus, *b* bouche.
Fig. 19. *Toxaster cuneiformis* (nobis), face supérieure. Fig. 20. Id., coupe verticale, *a* anus, *b* bouche.
Fig. 21. *Dysaster ? globulus* (nobis), face supérieure. Fig. 22. Id., coupe verticale, *a* anus, *b* bouche.
Fig. 23. *Galerites globulus ?* (Desor), face supérieure. Fig. 24. Id., coupe verticale, *a* anus, *b* bouche.

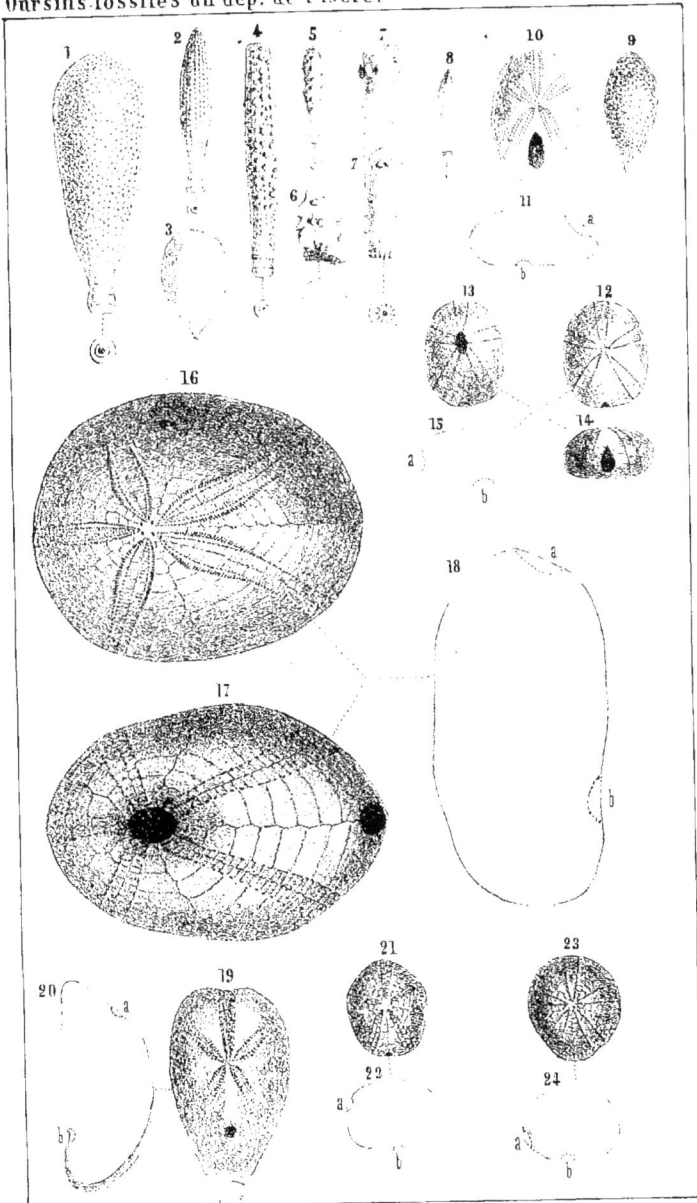

G. Margain, del.   Lith. de C. Pégerou.

EXPLICATION DE LA PLANCHE IV.

Fig. 1. *Micraster distinctus* (Ag.), face supérieure. Fig. 2. Id., coupe longitudinale, *a* anus, *b* bouche.

Fig. 3. *Toxaster Bertheloti* (nobis), face supérieure. Fig. 4. Id., coupe longitudinale, *a* anus, *b* bouche.

Fig. 5. *Toxaster micrasterformis* (nobis), face supérieure. Fig. 6. Id., coupe longitudinale, *a* anus, *b* bouche.

Fig. 7. *Holaster bisulcatus* (nobis), face supérieure. Fig. 8. Id., coupe longitudinale, *a* anus, *b* bouche.

Fig. 9. *Holaster subcylindricus* (nobis), face supérieure. Fig. 10. Id., coupe longitudinale, *a* anus, *b* bouche.

Fig. 11. *Dysaster anasteroides* (Leym.), face supérieure. Fig. 12. Id., coupe longitudinale, *a* anus, *b* bouche.

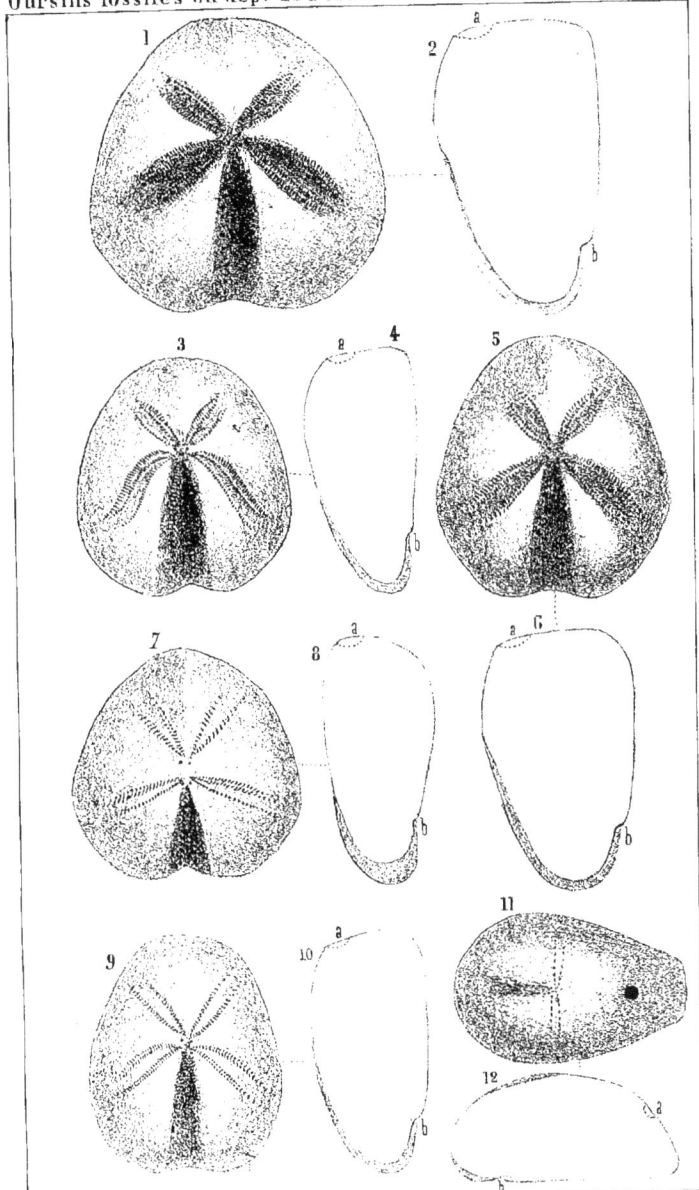

G. Margain, del. Lith. de C. Pegeron.

EXPLICATION DE LA PLANCHE V.

Fig. 1. *Dysaster hemisphæricus* (nobis), face supérieure (1). Fig. 2. Id., coupe longitudinale, *a* anus, *b* bouche. Fig. 3. Id., face inférieure.

Fig. 4. *Metaporhinus Gueymardi* (nobis), face supérieure. Fig. 5. Id., face inférieure. Fig. 6. Id., coupe longitudinale, *a* anus , *b* bouche.

Fig. 7. *Echinus rotundus* (nobis), face supérieure. Fig. 8. Id., face inférieure. Fig. 9. Id., vu latéralement.

Fig. 10. Piquant du *Cidaris Erinaceus* (nobis).

Fig. 11. Piquant du *Cidaris rysacantha* (nobis), variété.

Fig. 12. Piquant du *Cidaris glandifera* (Gold.).

(1) Les ambulacres ont été tracés par analogie ; ils n'existaient pas dans l'exemplaire modèle.

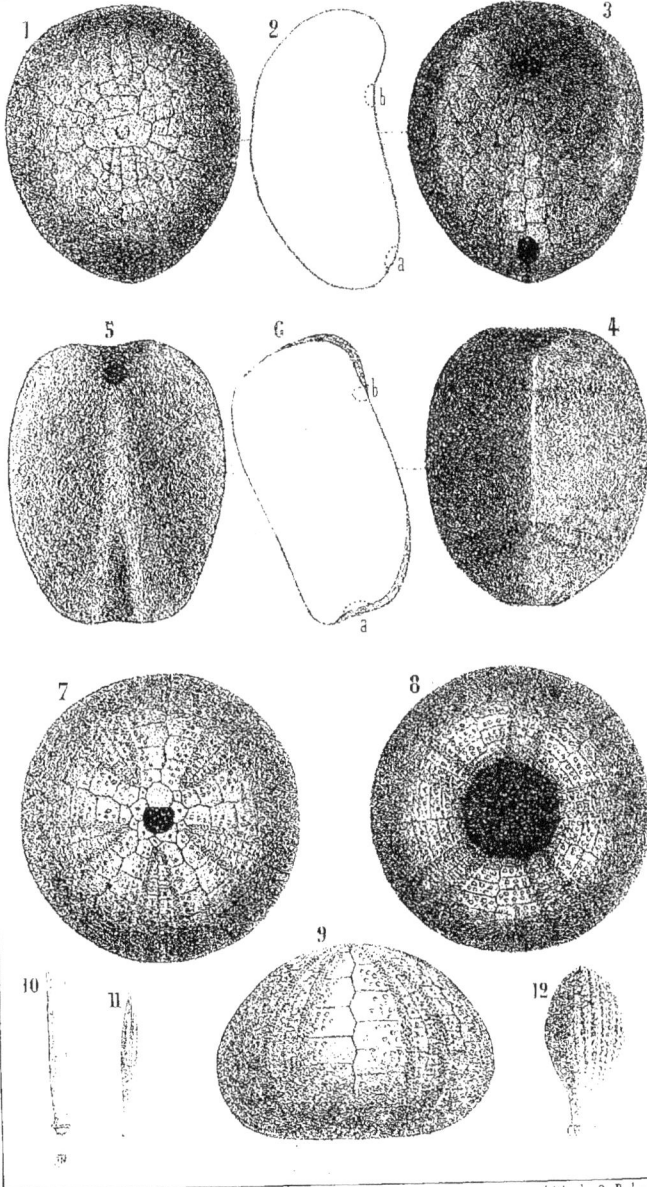

J. Margain, del.

Lith. de C. Pegeron.

Terrain Cretacé du dépt de l'Isère.

J	Terrain jurassique
n	terrain néocomien
g	gault
cc	craie chloritée
m	molasse
A	alluvions

Coupe géologique du terrain crétacé de l'Isère pris à la Bisère près Grenoble.

Grenoble

Voreppe

Montbonot

Meylan

Sassenage

St Nizier

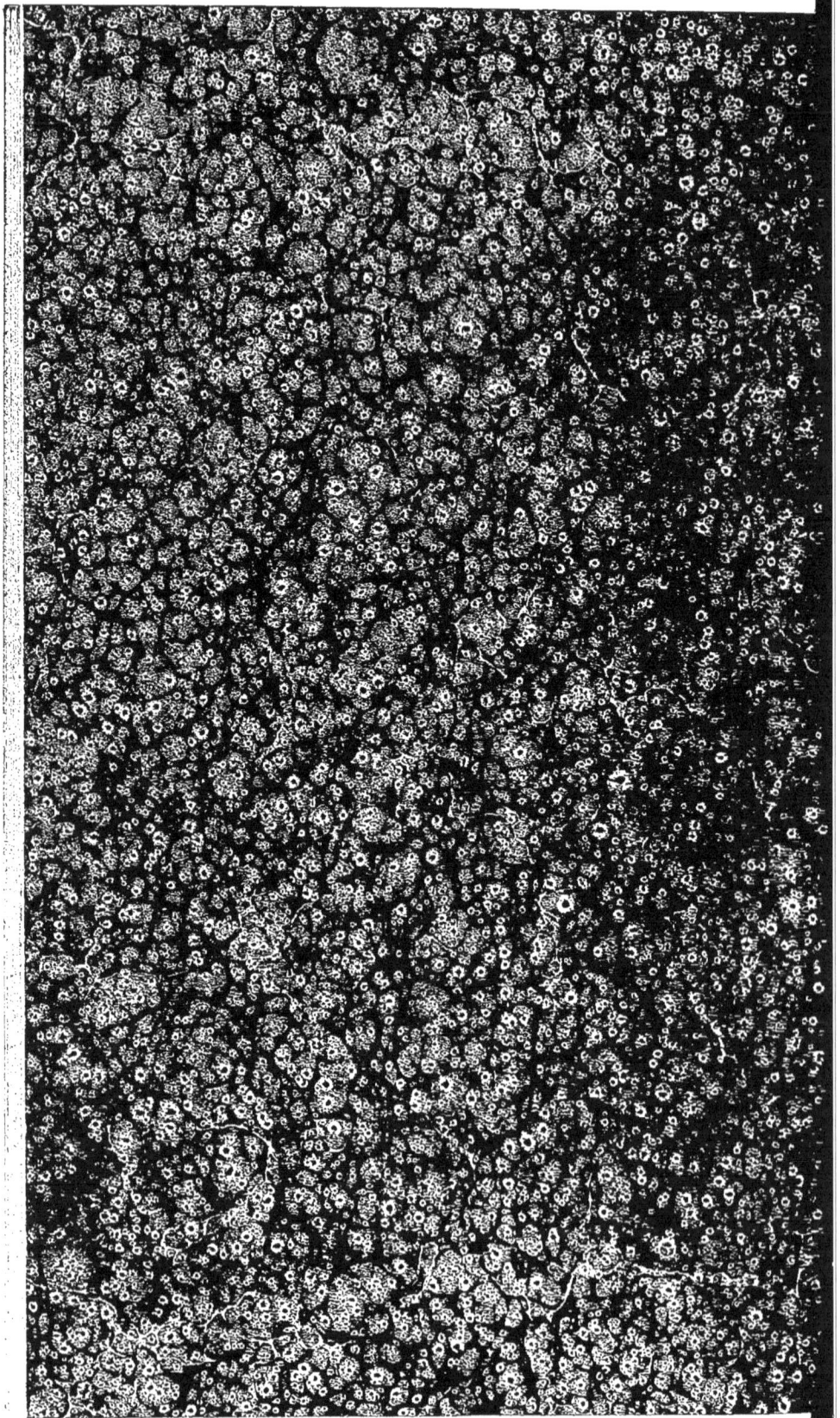

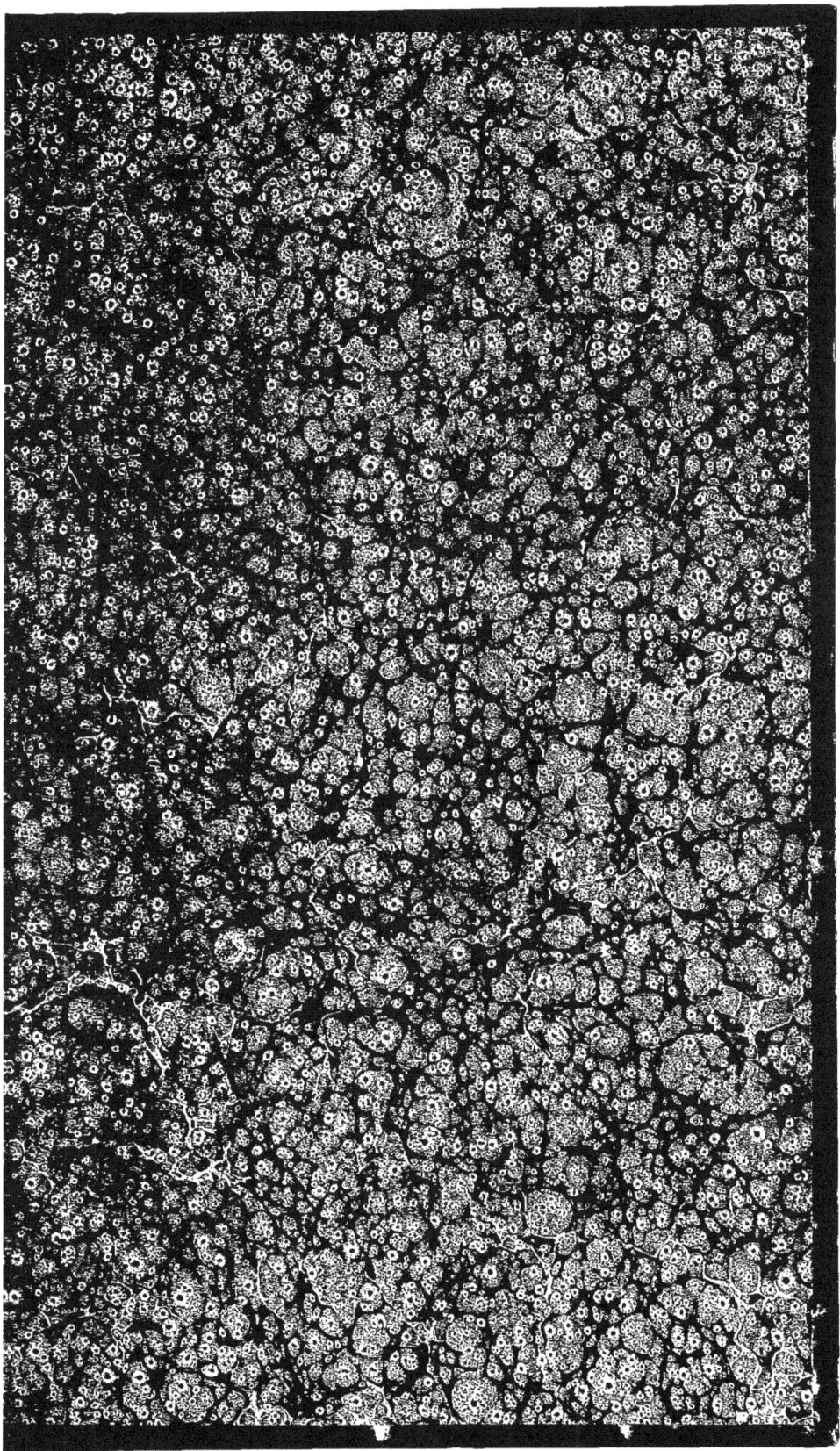

www.ingramcontent.com/pod-product-compliance
Lightning Source LLC
Chambersburg PA
CBHW062007200326
41519CB00017B/4705